実践ロボットプログラミング 第3版

LEGO Education SPIKEで目指せロボコン！

著者：藤井 隆司・板井 陽俊・藤吉 弘亘・石井 成郎・鈴木 裕利

まえがき

ロボットを思い通りに操るにはどうすればよいでしょうか？

ロボットに動きを命令するためには，プログラムを作成（プログラミング）する必要があります．本書ではLEGO Education SPIKEを用いて，ロボットプログラミングの方法を解説します．まったくの初心者でも，「基礎編」「応用編」の順に学習を進めていくことで，ロボットプログラミングを段階的にマスターできるように構成されています．

本書には，他のテキストにはない特徴が2つあります．

１つめの特徴は，プログラムの表記方法を工夫したことです．LEGO Education SPIKEでは，初心者向けにGUIプログラムと，中・上級者向けにPython言語の開発環境が2種類が用意されています．そこで本書では，(1) 目標となるプログラムのアルゴリズム (PAD)，(2) PADに対応するGUIプログラム (SPIKE-WB)，(3) Python言語プログラムの3つを併記することにしました．初心者から上級者まで，3つのソースを相互参照しながら，ロボットプログラミングを効率よくマスターすることができます．

2つめの特徴は，プログラミングの方法だけではなく，ものづくりを行う上で役に立つ理論・ノウハウをまとめたことです．本書では，ものづくりの基本サイクルであるPDS(Plan-Do-See)サイクルを紹介します．PDSサイクルに基づいて，ロボット作りの計画の立てかた（モデリング）や作成したロボットの評価のしかた（リフレクション）を，実例を挙げながら解説しています．また，おもしろいアイディアの出し方やグループ作業のコツなど，ロボット競技大会に参加する上で役立つ知識をあわせて紹介しています．

本書を通じてロボットプログラミングの楽しさに触れてもらえれば幸いです．

謝辞

本書を作成するにあたり，中部大学CU-Robocon関係者，学生の皆さんに多大なご協力をいただき，ありがとうございました．本書の完成まで支えて下さった近代科学社の編集部に感謝いたします．そしてこの本を手にとっている読者の方に感謝いたします．

2025年3月　著者一同

本書の使い方

プログラムを初めて学ぶ人：

まずは，ワードブロック (SPIKE-WB) でプログラミングを始めましょう．その際は，2 章，3 章，4 章，5 章に出てくる Python プログラムは読み飛ばして問題ありません．SPIKE-WB をひととおり学んだ後，さらに高度なプログラミングを取得したい人は，再度，2 章以降の同じ課題を Python 言語で取り組むとよいでしょう．

LEGO プログラミング (SPIKE-WB) の経験がある人：

LEGO Education SPIKE に付属する SPIKE-WB のプログラミング経験者は，次のステップとして高度なプログラムを作成可能な Python 言語にチャレンジしてみましょう．その際には，PAD と SPIKE-WB を比べながら Python を理解するとよいでしょう．Python で学んだプログラミングの知識は，LEGO ロボットだけでなく，幅広く応用することが可能です．

ロボット競技会を目指す人：

プログラムを理解できるようになったら，5 章を参考に高度なロボット制御にチャレンジしましょう．ロボット競技会は一人ではなく，チームで参加することが多くあります．その際には，6 章「ロボット作り上達のために」，7 章「コース攻略を考えよう」，8 章「リフレクションしよう」を読んで下さい．きっと，プログラミングだけでなく，ロボット競技会に向けて，役に立つヒントを見つけることができるはずです．

本書を使用してロボットプログラムを教える先生：

各章のはじめに具体的な学習目標をまとめました．また，各章の最後に演習課題を用意しました．指導の際に適宜ご利用いただければと思います．プログラミングのための補足資料につきましては，付録や下記のウェブページを参考にしてください．

http://robot-programming.jp/

目次

第4章　LEGOロボットのセンサを利用しよう（基礎編）

第5章　LEGOロボットの高度な制御（応用編）

第6章　ロボット作り上達のために

第7章 コース攻略を考えよう（モデリング入門）

第8章 リフレクションしよう

付録A SPIKE App用Python関数

第1章

プログラミングとは

ロボットは，あらかじめ人間が用意したプログラムに基づいて動作します．ではプログラムとは何でしょうか？ 本章では，プログラムとアルゴリズムについて説明します．

この章のポイント

→ プログラムとアルゴリズム
→ PAD

1.1　プログラムとアルゴリズム

そもそもプログラムという言葉はどういう意味でしょうか？ プログラムの語源はラテン語で「pro-gram：前もって書いたもの」という意味を持っています．また，辞書を調べてみると「計画」，「予定」，「番組」，「カリキュラム」とあります．では，ロボット（コンピュータ）で使用されるプログラムとはどんなものでしょうか？

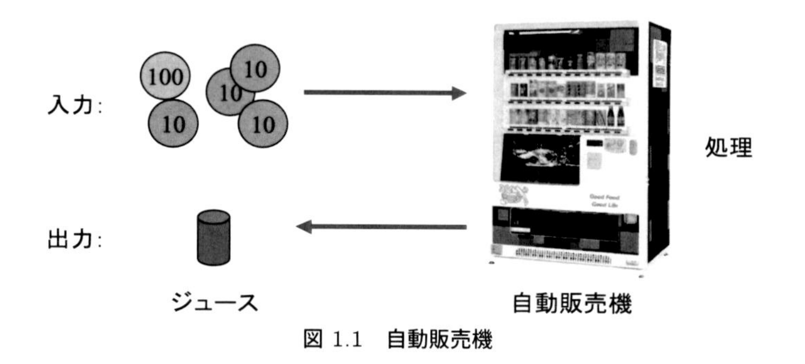

図 1.1　自動販売機

ここでは，図 1.1 の自動販売機の例において，プログラムとアルゴリズムが何かを考えてみましょう．プログラムがなければ自動販売機はただの大きな箱です．まず，みなさんが自動販売機にやってもらいたい事（目的）を考えましょう．自動販売機の目的は，もちろんジュースの販売です．では，この目的を達成するための手順を考えます．手順は，次のようになります．

(1) お金の入力を待つ
(2) お金が 120 円以上かチェックする
(3) 120 円以上であればジュースを出力
(4) おつりをだす

この手順のことを，**アルゴリズム**と言います．人間の言葉で書かれたアルゴリズムを，コンピュータが理解できる言葉，形式に書き換えます．これが**プログラム**です．アルゴリズムを考え，それをプログラムに書き換える行為を**プログラミング**と言います．

プログラミング初心者は，プログラムの変更とアルゴリズムの変更を同時に頭の中で考えてしまい，結局最初に考えたアルゴリズムと異なったプログラムができてしまうことがあります．これは，決して効率のよい開発手順とは言えません．

まずは，目的を達成するためにはどのような手順，アルゴリズムとするのかを決定しましょう．アルゴリズムを考えるときは，コンピュータを必ずしも必要としません．最初は，紙やノートの上で考えるとよいでしょう[1]．

1　PAD（1.2 参照）を書いてからプログラムを作るという作業を何度も繰り返しているうちに，頭の中に自然と PAD が思い浮かぶようになります．そうなると，PAD を紙に書き出す必要はありません．

アルゴリズムを決定した後，アルゴリズムをプログラムに翻訳するという流れで取り組みましょう．効率良く，効果的にアルゴリズムを検討するにはどうすればよいかは，6 章と 7 章を参考にしてください．

1.2　プログラムの設計図

ロボットプログラミングにおいて，まず最初にロボットをどのように制御するのか，アルゴリズムを決定しておく必要があります．その際には，**PAD**（Problem Analysis Diagram：問題分析図）[2]や**フローチャート**を用いてアルゴリズムを図示して検討しましょう．頭の中で考えたアイディアを PAD やフローチャートを用いて図示化していくことで，実現すべきアルゴリズムが明確になります．また，チームでプログラムを開発する際には，自分のアイディアを説明する必要があります．その際に，アイディアを PAD やフローチャートにしてチームのメンバーに見せることで，アルゴリズムを容易に理解してもらうことができ，より良いアルゴリズムをチームで検討することができます．

図 1.1 で例とした「自動販売機」を PAD とフローチャートで図示すると，図 1.2 のようになります．

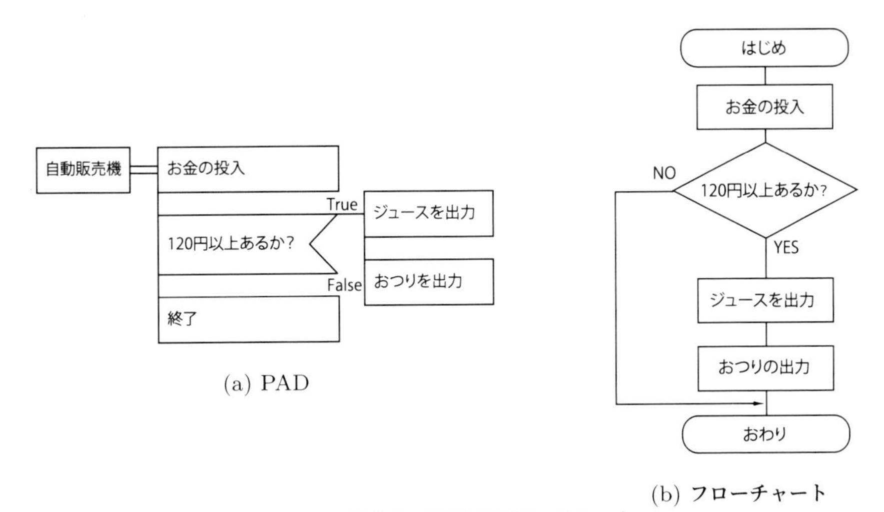

(a) PAD

(b) フローチャート

図 1.2　PAD とフローチャート

2　PAD は，1980 年に日立製作所の二村良彦氏らが開発したものです．フローチャートに比べてプログラム構造を明確に表現することができます．日本工業規格 (JIS) や国際標準化機構 (ISO) としても使用されています．

1.2.1　PAD

PADはプログラムの「設計図」になります．PADは，反復，条件，分岐などのアルゴリズム構造を明確に表すことができます．図1.3の3つの記号（処理，選択，反復）を用いてアルゴリズムの順序を上から下へ，反復や選択処理を左から右へと描きます．そのため，処理の流れとプログラムの深さ（ネストの深さ）[3]が一目瞭然であり，アルゴリズム構造を明確にすることができます．本書では，プログラムの流れをこのPADを用いて説明していきます．

処理：　選択：　反復：

図1.3　PADの構成部品

・PADの処理の進み方

アルゴリズムをPADで表現するには，選択構造や反復構造などの処理を組合せる必要があります．あるアルゴリズムを図1.4〜図1.6のPADで表したとき，その処理の流れは，選択構造①と②の判定結果によって次の(a)(b)(c)の3通りになります．

(a)　①と②の選択が共に「真」(True)である場合，処理の流れは①→②→③→⑤→⑦となります（図1.4）．
(b)　①の選択が「真」(True)，②の選択が「偽」(False)の場合，①→②→④→⑤→⑦となります（図1.5）．
(c)　①の選択が「偽」(False)のとき，処理の流れは①→⑥→⑦となります（図1.6）．

このようにアルゴリズムをPADを用いて図示化すると，ある条件によってどのようにロボットを動かすか，そのアルゴリズムの理解が容易になります．

3　ネスト：繰返しの中にさらに繰返しがあるように入れ子構造になっている状態をネスト，ネスティングと言います．マトリョーシカ人形も入れ子構造ですね．

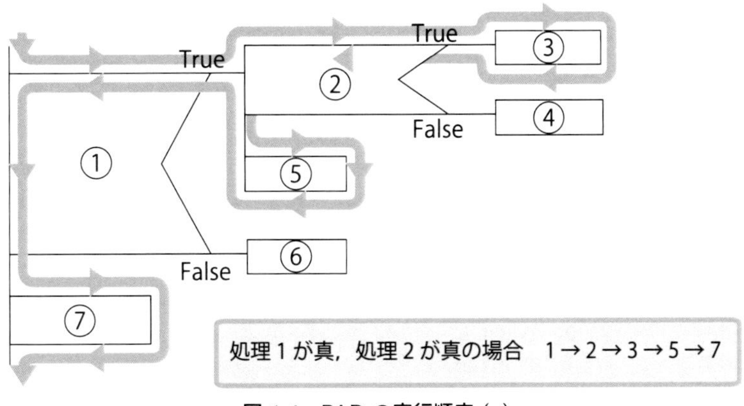

図 1.4　PAD の実行順序 (a)

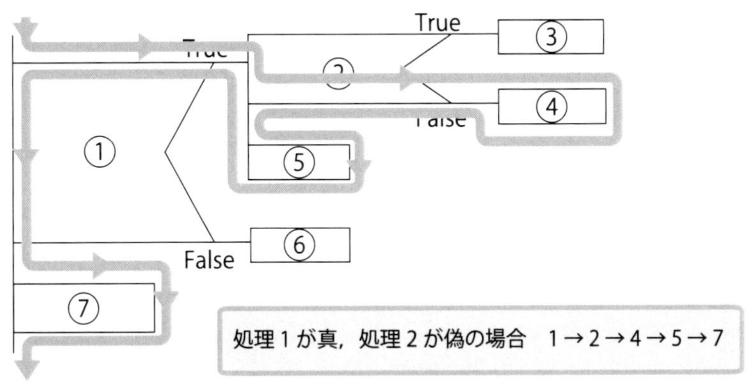

図 1.5　PAD の実行順序 (b)

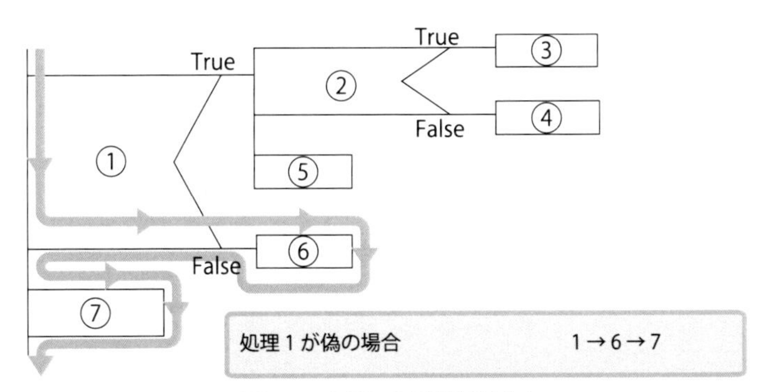

図 1.6　PAD の実行順序 (c)

1.2.2　フローチャート

フローチャート（流れ図）は，PAD と同様にプログラムの流れを図に表記したものです．フローチャートでは，処理の順序に従って書き，上から下へと処理が行われます．処理が逆向き（下から上へ）に行われる場合や，途中から処理がジャンプする場合は，矢印で処理の順序や方向を示します．

1.2.1 の PAD をフローチャートで表すと図 1.7 のようになります．

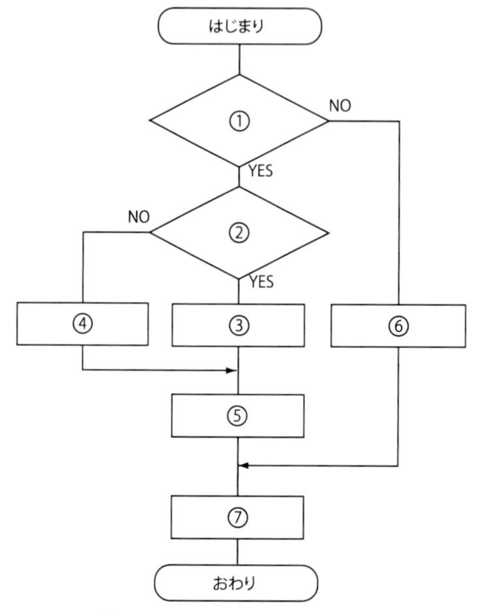

図 1.7　フローチャートの流れ

フローチャートは，条件判定による分岐やループが増えると図が複雑になることがあります．また，組合せの自由度が高いため，同じアルゴリズムでも人によって異なるフローチャートとなることがあります．そのため，多くの人が共同で 1 つのアルゴリズムを考える場合には，あまり向いているとは言えません．

■■　演習課題 1　■■

1-1. 次の動作を実現するロボットのアルゴリズムを PAD にしてみましょう．

(a) 信号が青かつ，歩行者がいないときに前進するロボット．
(b) 4 回釘を叩いた後，まだ釘が出ているかを調べて，出ていたら，さらに 4 回釘を叩く．

1-2. PAD とフローチャートのメリットとデメリットを考えてみましょう．

コラム 1：きれいなプログラム

自分が書いたプログラムはちゃんと覚えている？ いえいえ，実は自分で書いたとしても一ヶ月もしたら，その詳しい内容を忘れてしまうのが現実です．

カーニハンとプローガーの『プログラム書法』という本には，

—以下引用—

たいていの専門プログラムは，ずいぶんたくさんの時間を他人のプログラムを変更することに費やしているものである．きれいなプログラムは保守しやすいものだ．
理解しがたいプログラムを書くことについて，プログラム書きは個人的なことだから，という言い訳がよく行われる． どうせこのプログラムを見るのは原作者だけさ，頭の中にすっかり入っていることを全部書き出す必要なんか，ないじゃないか，というのだ．
…
だが，自分一人でわかればよいつもりでも，一年後に読んでわかるようにしたいと思ったら，やはりちゃんとした文章を書かなければならない．
…
来年の自分は「誰か他の人」だからだ．

Brian W.Kernighan（著）・P.J.Plauger（著）・木村 泉（翻訳），『プログラム書法』，共立出版
—

と書かれています．

きれいなプログラムを書くことは，一番身近な，「誰か他の人」つまり一年後の自分にとっても重要なことです．また，きれいなプログラムは可読性が高いので，他の人がそのプログラムを利用しやすくなります．

UNIX などでよく用いられるオープンソースプロジェクトでは，ソフトウェアの著作者の権利を守りながらソースコードを公開し，その派生物を作成することができます．このプロジェクトは，誰もがプログラム開発に参加でき，貢献することで品質の高いソフトウェアを開発する手段として注目されています．また，最近では，GitHub という誰でもプログラムを管理して公開することができるサイトもあります．LEGO Mindstorms EV3 本体のソースコードや LEGO Mindstorms NXT の NXC も，GitHub にて公開されています．最新の SPIKE 用の RTOS プログラムも GitHub で公開されています．興味のある方は，以下の GitHub のページをのぞいてみましょう．

Mindboards(GitHub) https://github.com/mindboards/

spike-rt(GitHub) https://github.com/spike-rt/

第2章

LEGOロボットをプログラムしよう

本章では，LEGO ロボットのパーツについて学び，その後プログラムを作るための準備にとりかかります．ロボットを動かすためには，プログラムをロボットに転送する必要があります．簡単なプログラムの作成とロボットへの転送と実行について学びます．

この章のポイント

→ プログラムの作成
→ コンパイル
→ プログラムの転送と実行

2.1　LEGO Mindstorms と Education

LEGO Mindstorms（図 2.1）は，子供用ブロック玩具で有名な LEGO 社が発売している組み立て・プログラミング可能なロボットブロックです．MIT(Masachusetts Institute of Technology) の Media Lab[1]で教育用玩具として開発され，1998 年の 9 月に初代の Mindstorms RIS(Robotics Invention System)[2]が発売されました．その後，改良された NXT[3]が 2006 年 8 月に発売されました．その 7 年後の 2013 年に EV3[4]，2020 年には Mindstorm シリーズの後継機として，本書で扱う LEGO Education SPIKE が発売されました．

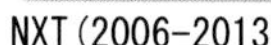

EV3(2013-2020)　SPIKE(2020-)

図 2.1　LEGO Mindstorms と Education SPIKE

RIS，NXT，EV3 と最新の SPIKE の違いは，表 2.1 のようになります．LEGO ロボット SPIKE の頭脳として，ARM 社の 32 ビット・マイクロプロセッサ M4(100MHz)[5,6]を搭載しています[7]．

1　MIT Media Lab には様々な研究グループがあり，Mindstorms は Lifelong Kindergarten グループの Mitchel Resnick 教授により開発されました．

2　RIS セットには，RCX というプログラミングブロックが付属していました．これには H8 というマイクロプロセッサが内蔵されています．H8 は日立製作所が開発したプロセッサで，一般的な家電（電子レンジ，エアコンなど）に用いられています．

3　NXT にはイギリスの ARM 社が開発した ARM7 が内蔵されています．ARM は携帯電話などの組み込みマイクロプロセッサとして用いられています．

4　EV3 には NXT にも搭載されていた ARM7 の上位機種である ARM9 が内蔵されています．処理速度が大幅に上がったため，OS を搭載することが可能となりました．性能比較は表 2.1 を参照．

5　ARM プロセッサ（Coretex-M4）は，ARM 社の ARM アーキテクチャが組み込まれたプロセッサの総称で，M4 は低消費電力が大きな特徴となっています．ARM シリーズは，最新のスマートフォンやゲーム機，カーナビゲーションシステムなどにも搭載されています．現在 ARM 社は，softbank グループとなっています．

6　プロセッサの動作する速度をクロックといい，単位は「Hz」（ヘルツ）で表します．
これは，1 秒間にどれだけ計算できるかを示しています．一般的な PC(3GHz) と比較すると
NXT:48,000,000Hz，EV3:300,000,000Hz，SPIKE:100,000,000Hz，PC：3,000,000,000Hz
と PC より計算速度が劣ることがわかります．

7　EV3 では，本体にオペレーティングシステム (OS) を搭載していたため，高速の CPU を使用していました．SPIKE では，OS を搭載していないため，EV3 よりも低いクロック数の CPU が採用されています．

表 2.1 LEGO Mindstorms と LEGO Education について

	Mindstorms RIS	Mindstorms NXT
発売	1998 年～2006 年	2006 年～2013 年
CPU(マイコン)	8bit (H8)	32bit (ARM7)
動作クロック	16MHz	48MHz
RAM	32KB	64KB
フラッシュメモリ	なし	256KB
転送方法	赤外線通信 (IR)	USB, Bluetooth
ポート	入力:3 出力:3	入力:4 出力:3
駆動	電池	電池, バッテリーパック

	Mindstorms EV3	Education SPIKE
発売	2013 年～2020 年	2020 年～
CPU(マイコン)	32bit (ARM9)	32bit(M4)
動作クロック	300MHz	100MHz
RAM	64MB	320KB
フラッシュメモリ	16MB	32MB
転送方法	USB, Bluetooth, LAN	USB, Bluetooth
ポート	入力:4 出力:4	6(入出力兼用)
駆動	電池, バッテリーパック	バッテリーパック

SPIKE 本体 (ラージハブ) には，センサやモータを接続することができる入出力の兼用ポート (6 個)，6 軸のジャイロセンサ，USB ポート，Bluetooth による無線通信が内蔵されています．接続可能なパーツは，図 2.2 のように，L アンギュラモータ 1 個，M アンギュラモータ 2 個，フォースセンサ，カラーセンサ，距離センサがあります．これらは，ワイヤーコネクタをつないで使用します．センサの機能や仕組みを知ることは，ロボットプログラミングにおいてとても重要です．次に SPIKE で使用するモータや，各センサについて紹介します．さまざまな状況において，どんなセンサを用いたら何ができるか，いろいろ考えてみましょう．

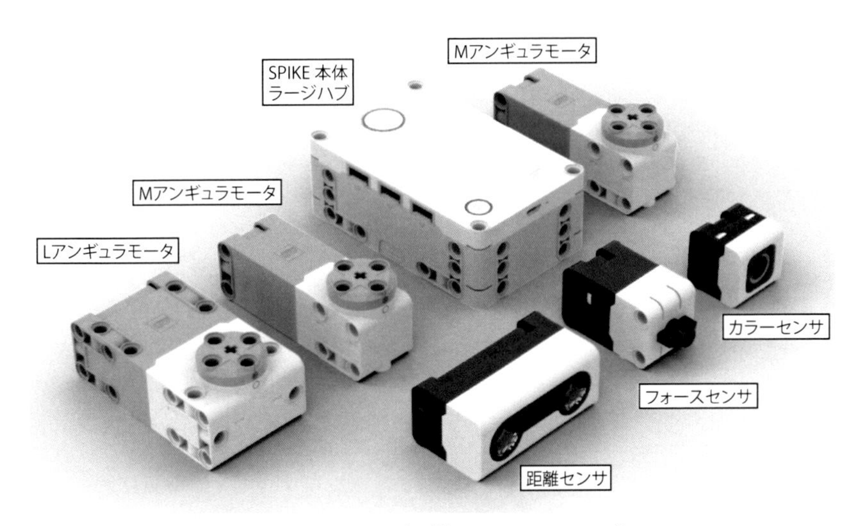

図 2.2 ラージハブと様々なセンサ，モータ

LEGO SPIKE パーツ紹介

■ SPIKE 本体 (ラージハブ)

ラージハブは，センサの値を読み取ってモータを制御するなど，ロボットの脳の役割をします．内蔵されている 6 軸のジャイロセンサを使用することにより，ロボットを任意の角度だけ旋回させたり，ロボットが倒れているかなどを知ることができます．

■ L アンギュラモータ

L アンギュラモータは，DC モータと複数のギア，磁気式エンコーダが内蔵されています．磁気式エンコーダは，正確にモータの回転数を測ることができるため，モータを時間だけでなく，角度を指定して制御することができます．

■ M アンギュラモータ

M アンギュラモータも L アンギュラモータと同じように DC モータと複数のギア，磁気式エンコーダが内蔵されています．L アンギュラモータよりパワーは劣りますが，M アンギュラモータのほうが早く回転することができます．

■フォースセンサ

フォースセンサは，人間でいう触覚にあたり，障害物回避などに使われます．センサが押された，離れたの状態を出力します．また，どのくらいの力で押されているかを数値として出力するモードもあります．

■カラーセンサ

カラーセンサは，人間でいう視覚にあたります．黒 (0)～白 (10) のカラーを出力するモードと，明るさを 0 から 100 までの値で出力するモードがあります．明るさを読み取るモードでは，カラーセンサから光を出して，その反射光を読み取るモードと，センサから光を出さずにセンサの回りの明るさを読み取るモードの 2 種類の使い方ができます．

■距離センサ

距離センサは，片方の穴から人間の耳には聞こえない音（超音波）を発し，障害物に反射して戻ってくる音をもう 1 つの穴で捉えることにより，その経過時間から対象物までの距離を測ることができます．

コラム 2：中はどうなってるの？（センサ編）

センサの中はどうなっているのでしょう？ 少しのぞいてみましょう.

- **フォースセンサ**

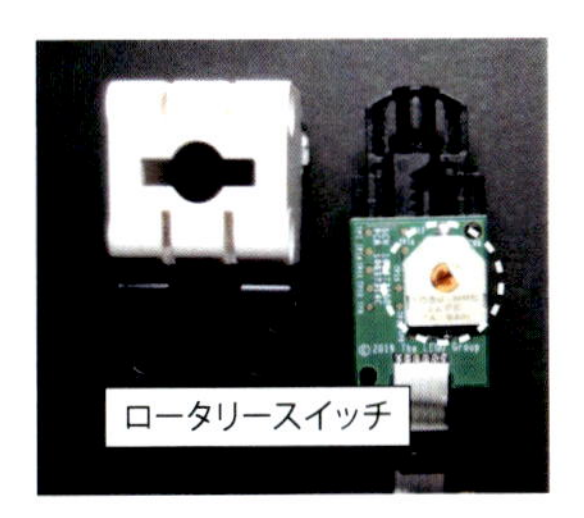

フォースセンサの中の基板にロータリースイッチが配置されています．フォースセンサの先端には歯車とバネが内蔵されており，押された量に対してロータリースイッチが回転し，どのくらいの強さで押されたかを数値化します．フォースセンサは，最大 10N(10 ニュートン：1kg) の圧力が測定できます.

- **カラーセンサ**

カラーセンサは，外側にレンズがあり，中の基板にはカラーセンサ IC と 3 個の白色 LED が配置されています．レンズによって集光された光は，中央のカラーセンサ IC によって何色かを判断します．カラーセンサ IC には，R(赤)，G(緑)，B(青)，明るさを検知する画素がそれぞれ 3 画素 (合計 12 画素) あり，読み取った色や明るさを SPIKE へ送信します．カラーモード，反射光モード，周辺光モードを切り替えて使用することができます.

- **距離センサ**

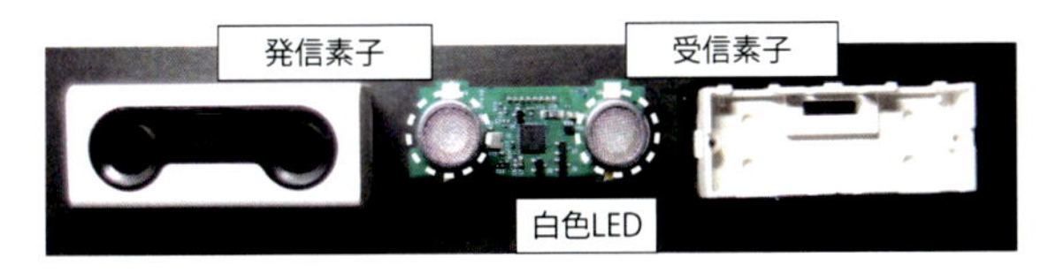

発信素子と受信素子が左右に付いています．発信素子から発信した超音波が障害物に反射して到達するまでの時間から，障害物までの距離を求めて SPIKE へ送信します．測定可能な距離は 1〜200cm となっており，誤差は 1cm となっています．超音波センサは，音の反射を利用して距離を測るため，音が反射しにくい物体や，円柱などでは正確に距離が測定できない場合があるので注意が必要です.

※ 部品の分解などは個人の責任にてお願いいたします.

コラム 3：中はどうなってるの？（ラージハブ，モータ編）

- **ラージハブ（SPIKE 本体）**

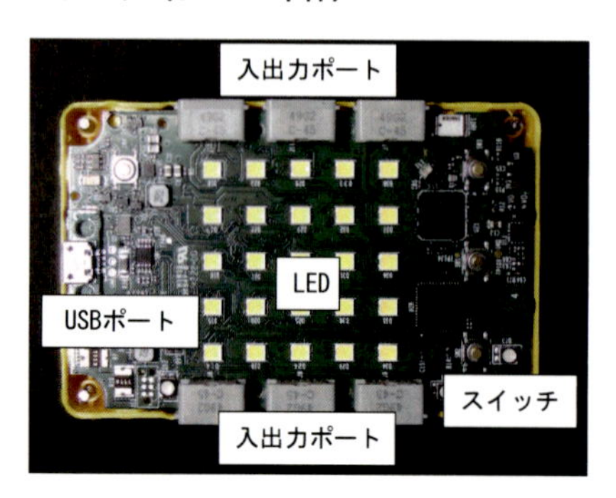

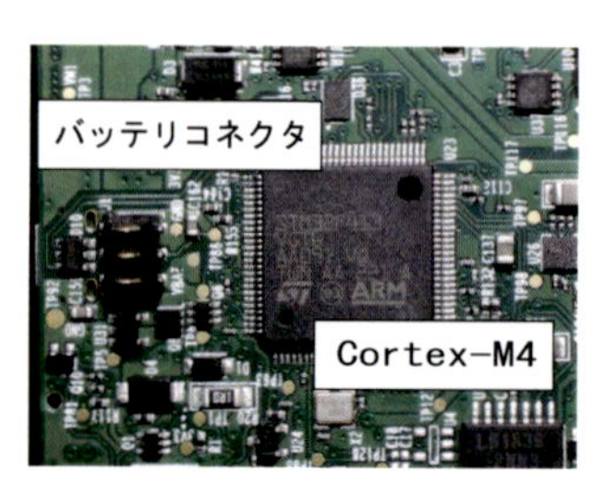

本書で使用するラージハブの中はどうなっているのでしょう？ ラージハブの中には，中央に表示用の LED が 5 × 5 個配置されています．左右には入出力ポート，下部にはスピーカー，その他回路部品などが隙間なく詰まっています．基板の裏側のバッテリコネクタのすぐ隣には，SPIKE の頭脳とも言える Arm 社製の Cortex-M4 があります．この周辺に，プログラムを保存しておくメモリチップが実装されています．

- **アンギュラモータ**

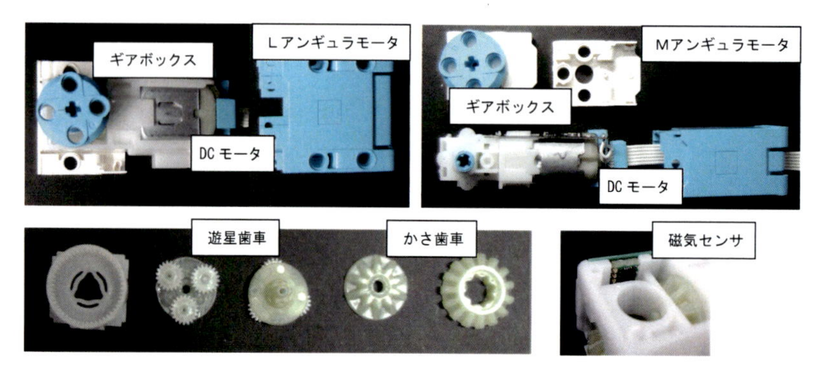

SPIKE セットには L アンギュラモータと M アンギュラモータの 2 種類のモータがあります．中の構造に大きな差はなく，どちらも DC（直流）モータ，遊星歯車が内蔵されているギアボックス，回転を調べるエンコーダで構成されます．モータの回転数や回転角度は，磁気式エンコーダを使用して出力しています．これは，回転軸部分に磁石のリングが装着されており，その磁石の軸が回転することにより，磁界が変化し，その磁界変化を磁気センサが読み取り，角度や回転数に変換するものです．このエンコーダを使用して，モータを回転センサとして使用することもできます．

L モータは停動トルク 25Ncm，最大回転数が 175rpm で，M モータは停動トルク 18Ncm，最大回転数が 185rpm です．このことからも，L モータはパワー重視，M モータは速度重視となっていることがわかります．

※ 部品の分解などは個人の責任にてお願いいたします．

2.2　プログラムを作成するには

SPIKE のプログラムを作成するには，**SPIKE アプリ** (**SPIKE App**) を用います[8]．SPIKE App は，Windows，macOS，iOS(iPad)，Android で提供されており，以下からダウンロードすることができます．

LEGO education ： https://education.lego.com/

SPIKE App は，マウスを使用して LEGO ブロックを組み立てるようにプログラムを作成することができる**アイコンブロック**や**ワードブロック** (**SPIKE-WB**) と，**Python 言語**[9]の 3 種類が使用できます[10]．SPIKE-WB のような，直感的なグラフィック操作でプログラミングを行うソフトを GUI(Graphical User Interface) ソフトウェアと言います．また，エディタやコマンドラインの文字列のみでプログラミングを行うソフトを CUI(Character User Interface) ソフトウェアと言います．SPIKE-WB は，図 2.3(a) のように，マウス操作でプログラムを作成することが可能であるため，プログラム初心者に最適です．ただし，細かい設定や高度なプログラム作成には適していません．その点，Python 言語でのプログラミングは，図 2.3(b) のようにテキストで詳細なプログラムを作成することができるため，高度なロボット制御を行うことができます．

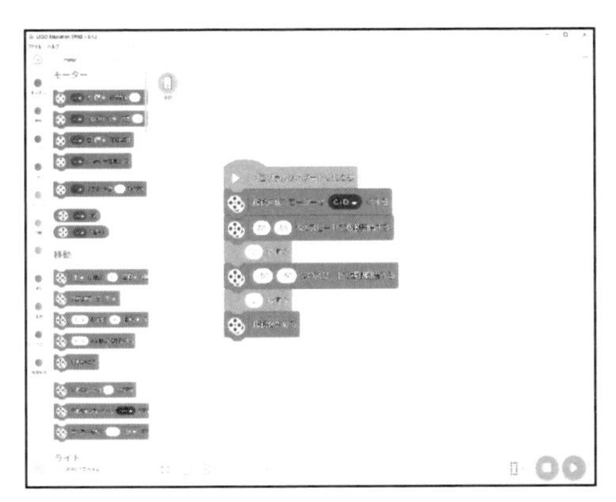

(a) ワードブロック

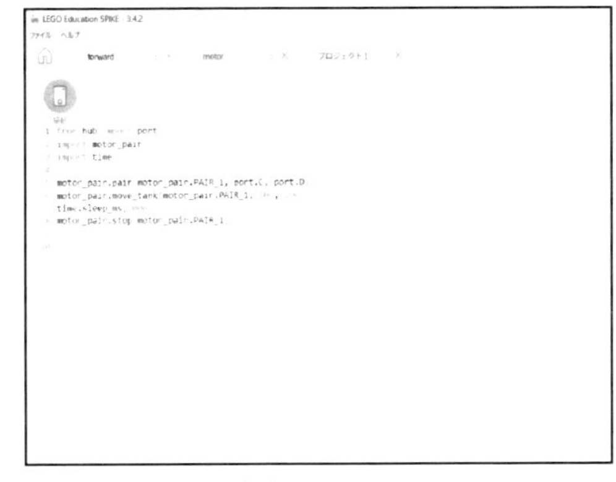

(b) Python

図 2.3　ワードブロックと Python によるプログラミング

図 2.4 から SPIKE App を起動すると，最初にブロックのセット (ベーシックもしくはプライム) を選択します．その後，図 2.5 の新しいプロジェクトを選択すると，図 2.6 のように開発環境を選択することができます．初心者の方は SPIKE-WB を，プログラム経験者は，Python 言

8　プログラムの開発環境の構築について，SPIKE App は公式 HP もしくはソフトウェアダウンロードページを参考にインストール作業を行ってください．

9　Python 言語は，C 言語と比較すると新しいプログラミング言語になります．AI や画像処理などのライブラリが豊富であり，世界中で標準的に使われているプログラム言語です．

10　SPIKE App では，アイコンブロック，ワードブロック，Python の 3 種類のプログラミングが可能ですが，本書ではワードブロックと Python について説明します．学習環境や難易度を考慮してどの開発環境を使用するかを決めましょう．

図 2.4　SPIKE App　　図 2.5　プロジェクトの作成

図 2.6　開発環境の選択

語を選択するとよいでしょう[11].

2.2.1　ロボットへプログラムを送るには

作成したプログラムをラージハブへ転送する方法を説明します．転送方法は 2 種類あり，USB 接続（有線通信）と Bluetooth（無線通信）のどちらかを使用します．ファイルの転送後にロボット上でプログラムを実行することが可能となります．

SPIKE には，図 2.7 のように USB(Universal Serial Bus)[12]ポートが標準で付いています．ラージハブと PC を USB ケーブルでつないでから，プログラムを転送します．

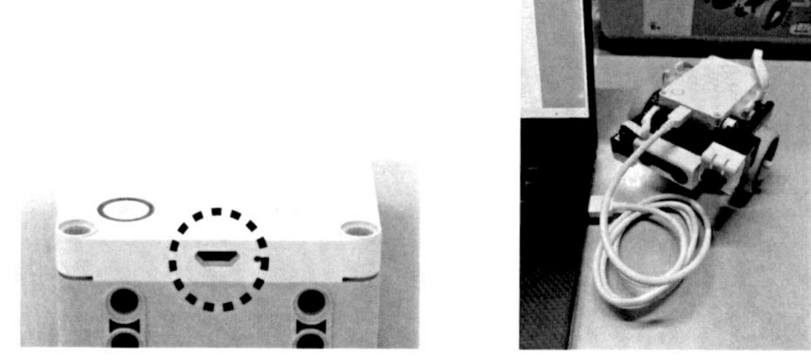

図 2.7　ラージハブの USB 接続

SPIKE では，Bluetooth[13]を用いてコンピュータとラージハブの間を図 2.8 のようにワイヤレス通信することも可能です．あらかじめ，PC とラージハブを設定（ペアリング）しておく必要があります．設定方法は 33 ページを参照してください．

11　アイコンブロックも選択できますが，ワードブロックより機能が制限されるため，ワードブロックを使用するとよいでしょう．

12　プリンタ，キーボード，マウスなど PC の周辺機器に用いられている規格．USB2.0 では，最大 480Mbps のデータ転送速度となります．さらに転送速度の速い USB3.0（最大 5Gbps）もあります．

13　携帯情報機器やパソコンなどで数 m 程度の機器間接続に使われる短距離無線通信技術の 1 つ．ノート PC や携帯電話などをケーブルを使わずに接続してデータ通信を行うことができます．無線の周波数は，無線 LAN と同じ 2.4GHz 帯の電波を利用し，1Mbps の速度で通信します．パソコンと SPIKE の距離が 10m 以内であれば障害物があっても通信が可能です．

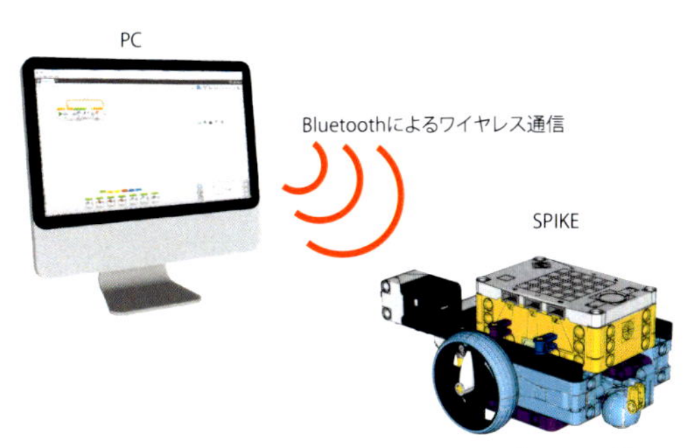

図 2.8　Bluetooth によるラージハブとの通信

2.2.2 プログラムの作成

ロボットを動かすために，さっそくプログラムを作ってみましょう．本書は，ロボットのプログラミングについて，アルゴリズム (PAD)[14]の説明を行った後，SPIKE App のワードブロック (SPIKE-WB) と，Python 言語 (Python) による 2 種類のプログラムを説明します．

SPIKE-WB は，図 2.9 のようにプログラミングキャンバス上のスタートブロックにプログラミングブロックを並べてプログラムを作成します．プログラミングブロックは，機能ごとにプログラミングパレットの中にわけられ，モーター[15]（7 個），移動（8 個），ライト（10 個），音（11 個），イベント（13 個），制御（9 個），センサー（16 個），演算（19 個），変数，マイブロック，拡張機能があります．また，プログラミングブロックは機能ごとに色分けしてあります．図 2.10〜図 2.12 を見て，どんなプログラミングブロックがあるか確認してみましょう．

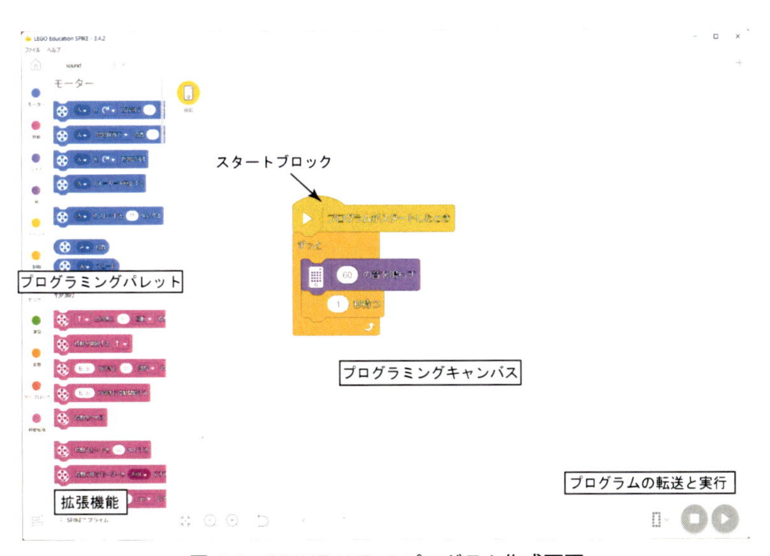

図 2.9　SPIKE-WB のプログラム作成画面

14　PAD の書き方や実行順序については第 1 章を参照してください．

15　一般的に「モータ」と表現しますが，SPIKE App では「モーター」と表示されます．そのため，SPIKE App の説明ではモーター，解説ではモータと記述しています．また，「センサ」と「センサー」も同様の記述としています．

また，画面左下にある拡張機能で機能を追加することができます[16]．

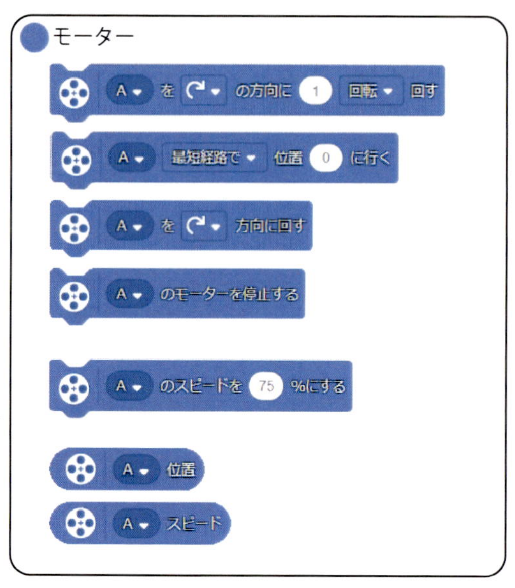

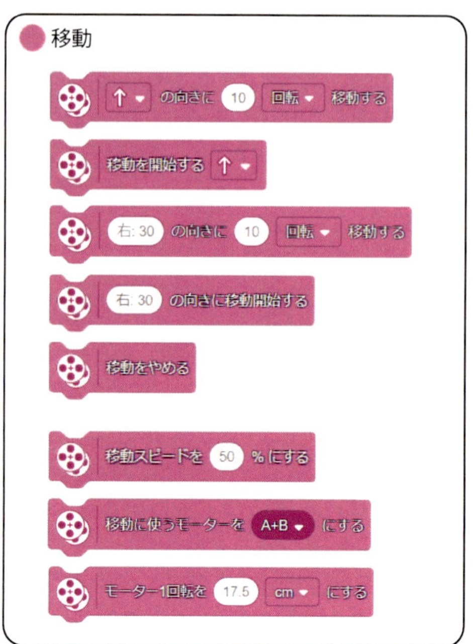

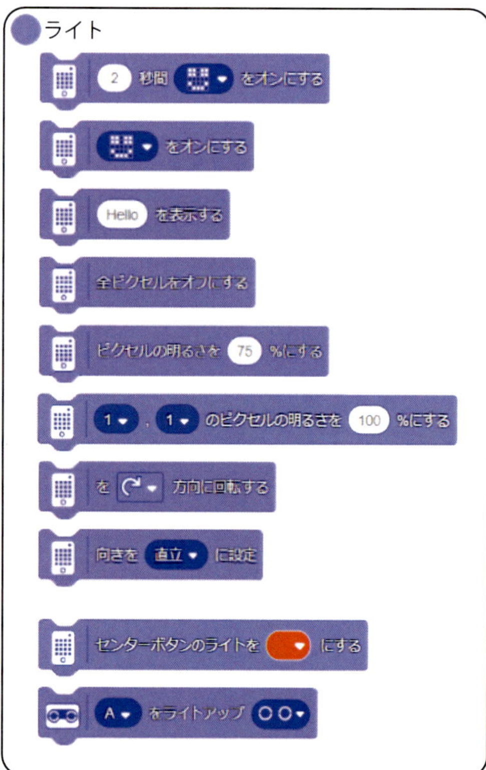

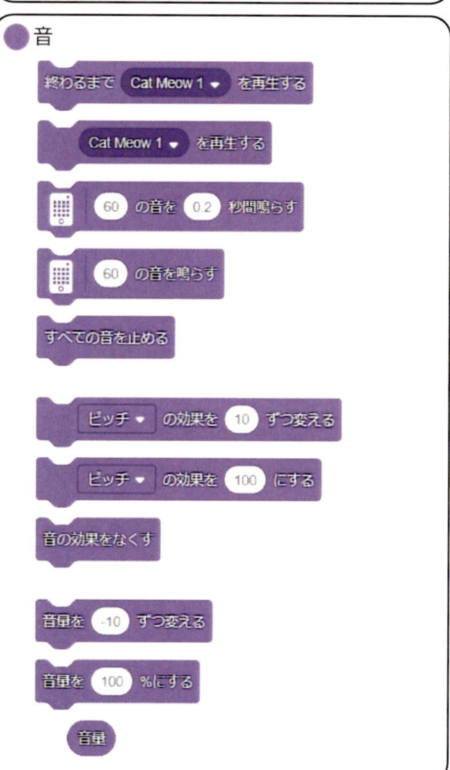

図 2.10　プログラミングブロック 1

16　本書では，ロボットの移動に拡張機能のタンクブロックを使用します．

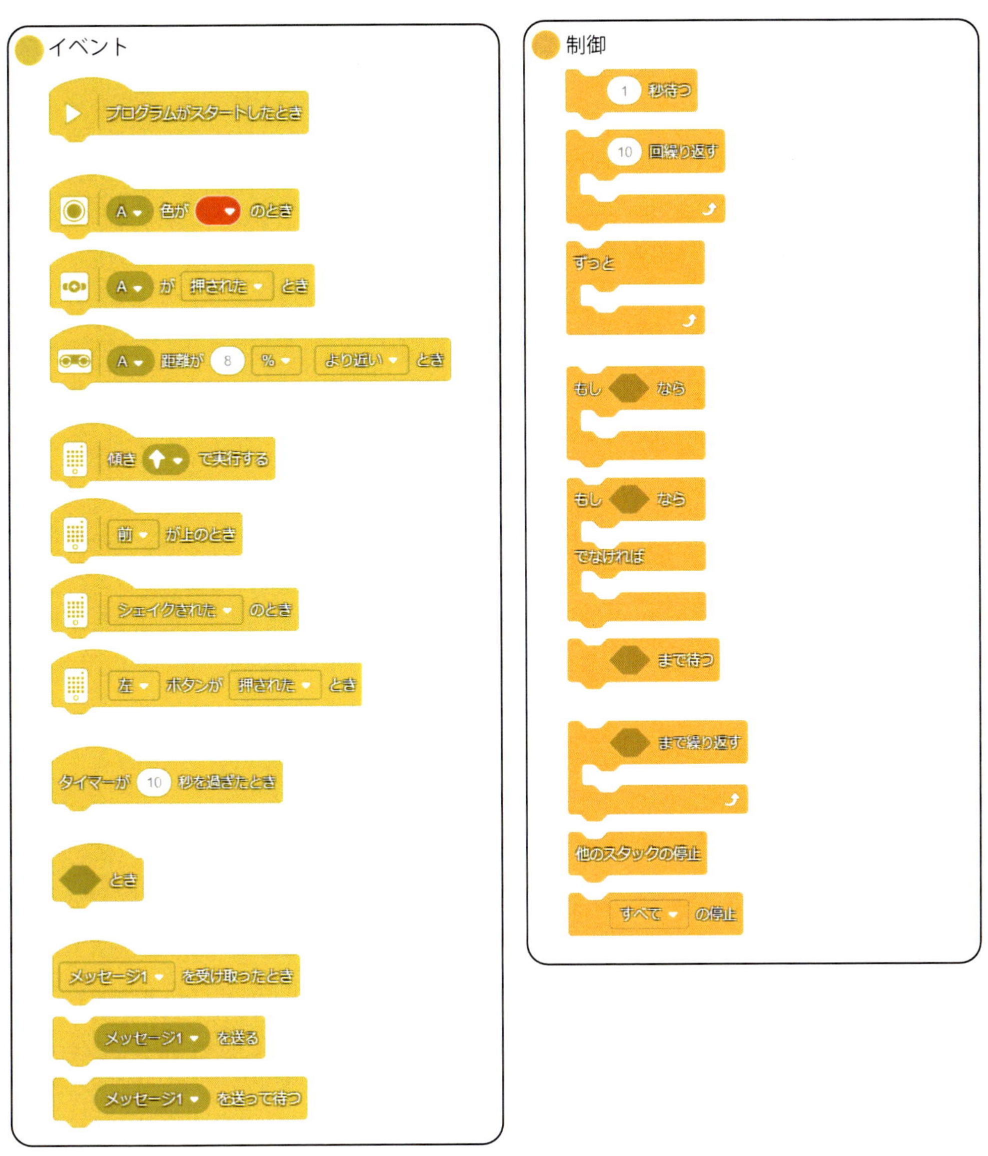

図 2.11　プログラミングブロック 2

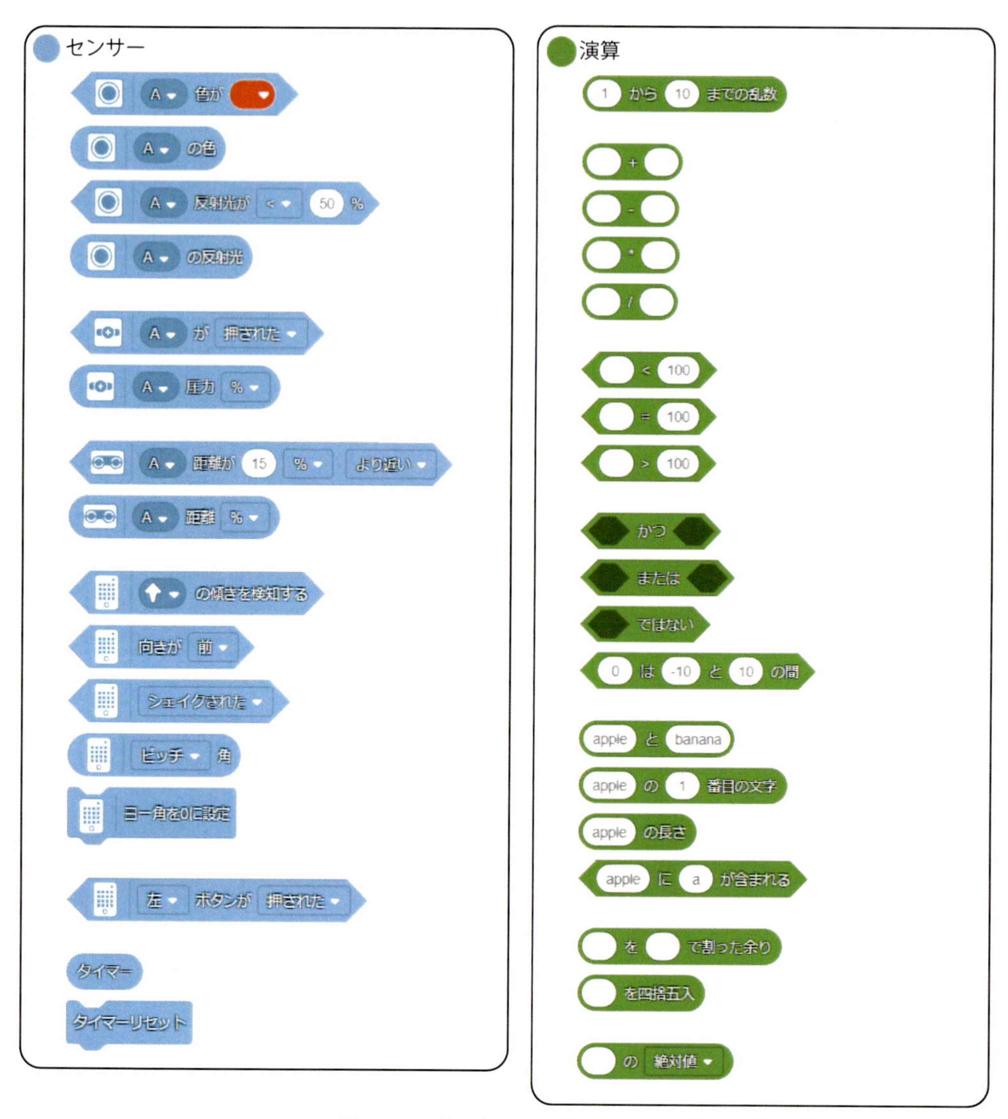

図 2.12　プログラミングブロック 3

Python によるプログラムは，Windows，Mac OS，iOS，Android に対応しています．

2.3　音を鳴らしてみよう

まず最初に，音を鳴らすプログラムを作ってみましょう．ここでは，“ドレミ”を指定して，無限ループの中で再生を繰返します．このアルゴリズムの PAD は，図 2.13 のようになります[17]．

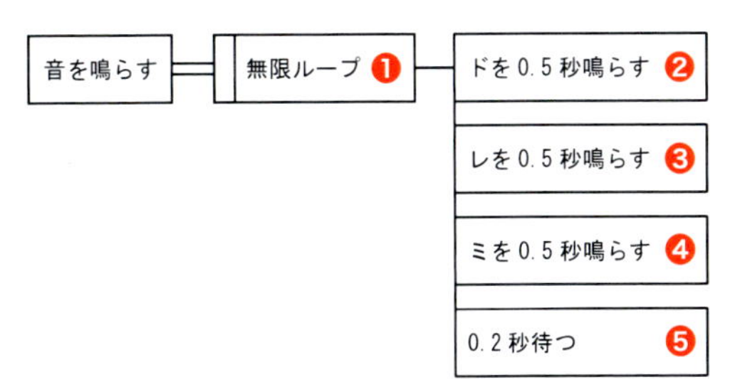

図 2.13　ドレミの音を鳴らすプログラムの PAD

次に，図 2.13 のプログラムについて説明します．プログラムは，SPIKE-WB，Python の順に説明します．まずは，PAD とプログラムを比較してみてください．PAD の各手順には，番号がついています．SPIKE-WB や Python プログラムにも同一の番号が付けてあるため，PAD の流れとプログラムを比べてみると理解が進みます．

■ 2.3 の SPIKE-WB プログラム

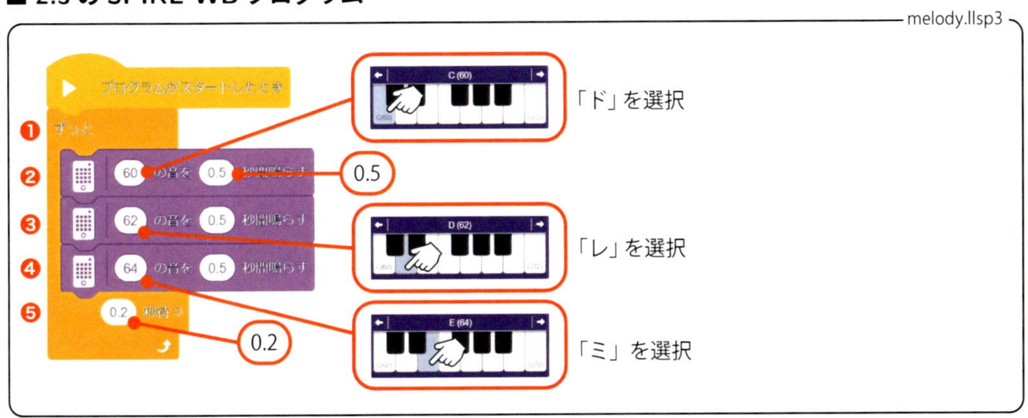

ワードブロックの解説

[プログラムがスタートしたとき][18,19]をプログラミングキャンバスに配置します．このブロックを**スタートブロック**と呼びます．SPIKE-WB では，PAD と同様にプログラミングブロック

17　PAD の最初

音を鳴らす

は，処理の定義を表しています．処理の定義は，PAD の始まりに必ず付きます．

18　本書では，ワードブロックを[ブロック名]，注釈では「場所：ブロック名」で説明します．

19　イベント：プログラムがスタートしたとき

[プログラムがスタートしたとき]は，プログラムの始まりです．このブロックに接続したプログラミングブロックをラージハブに転送します．

を上から下に接続してプログラムを作ります．次に，無限に繰返すブロック ずっと [20] ❶ をスタートブロックに接続しましょう． ずっと の中に ○の音を○秒間鳴らす [21] ❷ を接続します．次に，接続したサウンドブロックの設定パネルから再生する音を選択します．鍵盤から音階を選び，音の長さを設定します．最後に ○秒待つ [22] を ❺ のように接続します．これで SPIKE-WB によるプログラムの完成です．回数を指定して繰返す場合は ○回繰り返す ブロックを使用して繰返す回数を指定します．

■ 2.3 の Python プログラム

melody.py

```
from hub import sound
import runloop
import time
sound.stop()

async def main():
❶ while True:
        # play a melody
    ❷ await sound.beep(262, 500, 100) # ド 261.63 Hz, 500ms, 音量 100
    ❸ await sound.beep(294, 500, 100) # レ 293.67 Hz, 500ms, 音量 100
    ❹ await sound.beep(330, 500, 100) # ミ 329.63 Hz, 500ms, 音量 100
    ❺ time.sleep_ms(200)

runloop.run(main())
```

プログラムの解説

SPIKE の Python プログラムでは，ラージハブ，センサ，モータを制御するために，プログラムの最初に API モジュールをインポートします．beep 音を鳴らすために必要なスピーカーモ

20　制御：ずっと，制御：○回繰り返す

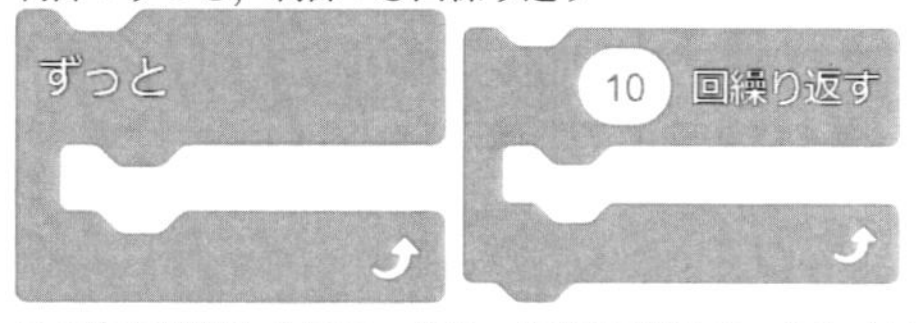

この中に接続したブロックは，無限に繰返す，もしくは，指定した回数繰返します．

21　音：○の音を○秒間鳴らす

好きな音階（ドレミファソラシド）を鳴らすことができます．

22　制御：○秒待つ

指定した時間，前の命令を保持します．

ジュールを “from hub import sound” と指定してインポートします．また，1 つの命令が完全に終わらないと，次の命令が実行されないように “runloop” のインポートを行います[23].

while 文[24]❶ の条件を True にすると，常に真となるため，無限ループとなります．sound.beep() 命令[25] ❷～❹ は，( ) の中で引数として指定した音の周波数 (Hz)，長さ，音量を設定します．

音階と周波数の関係は，表 2.2 のようになり，周波数が高くなると高い音階となります．

表 2.2　音階と周波数

音階	ド (C)	レ (D)	ミ (E)	ファ (F)	ソ (G)	ラ (A)	シ (B)	ド (C)
周波数 [Hz]	261.63	293.67	329.63	349.23	392.00	440	493.88	523.25

❺ の time.sleep_ms(200)[26]は，前の命令であるサウンドが再生された後，次の命令を実行する前に 0.2 秒待ちます．

このプログラムを実行すると，プログラムを強制的に停止させるまで無限に音が鳴り続けます．では，決まった回数だけ再生するにはどうしたらよいでしょう？ 繰返し回数が決まっている場合は，以下のように for 文を用います．

```
for i in range(4): # 4 回繰返す
    await sound.beep(262, 500, 100) #ド 261.63 Hz, 500ms, 音量 100
    await sound.beep(294, 500, 100) #レ 293.67 Hz, 500ms, 音量 100
    await sound.beep(330, 500, 100) #ミ 329.63 Hz, 500ms, 音量 100
    time.sleep_ms(200) # 0.2 秒待つ
```

for 文の range() 内の条件を 4 とすると，音の再生を 4 回繰返します[27].

23　runloop と await
“runloop.run(関数名)”，“async def 関数名” とすることで，命令の待機が可能となります．プログラム内で “await 命令” とすると，命令の動作が終了するまで次の命令が実行されません．

24　while
while 後の条件が満たされるまで処理を繰返します．while True とすると無限ループ（プログラムが停止しない）となります．

25　sound.beep()
sound.beep 後の () 内で音階，長さ，音量を指定します．

26　time.sleep_ms()
プログラムが次のステップへ進むのを指定した秒数だけ「待つ」命令です．( ) 内は待つ時間を指定します．200 で 0.2 秒となります．

27　range(スタート, エンド, ステップ)
スタートからエンド -1 までのリストをステップで作成
スタートは省略可能．デフォルトは 0 ステップも省略可能．デフォルトは 1

- **List(リスト)**

Python 言語プログラムの特徴の 1 つに List(リスト) があります．List は [　] 内に「,」で区切ることで設定できます．たとえば

```
Sample_List = [0, 1, 2, 3, 4]
Sample_List = [10, 20, 30, 40, 50]
```

となります．List は数値だけでなく文字列も入力可能です．

```
Sample_List = ['RED', 'GREEN', 'BLUE', 'YELLOW']
```

また，数値と文字列の混在も可能です．

```
Sample_List = [10, 'RED', 20, 'GREEN', 30, 'BLUE', 40, 'YELLOW']
```

これを利用するとラージハブのライトをランダムに光らせることができます．

```
import random
import time
import color
from hub import light
  #色を List に設定
colors = [color.RED, color.GREEN, color.BLUE, color.YELLOW]
  #光らせる回数をランダムに設定
times = random.randint(5, 10)
  #for 文の List を作成
for i in range(times):
      #ランダムに色を抽出
    random_color = random.choice(colors)
      #ラージハブ (パワーボタン) を光らせる
    light.color(light.POWER, random_color)
      #200msec 保持
    time.sleep_ms(200)
light.color(light.POWER, color.WHITE)
```

このようなプログラムを作ることも可能です．

- **for 文の range()**

  for 文の range() を 4 とすると，リスト（List）[0, 1, 2, 3] が生成されます．

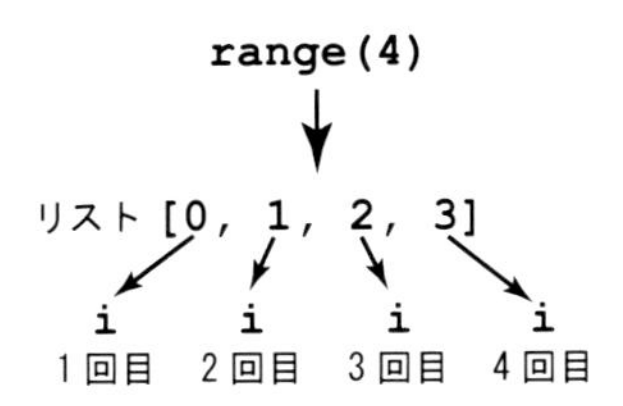

  for 文の i は，リストの順番に i=0，i=1，i=2，i=3 と繰返します．たとえば，

```
range(2,5) → [2, 3, 4]
range(2,-1,-1) → [2, 1, 0]
range(0,11,2) → [0, 2, 4, 6, 8, 10]
```

  と指定することも可能です．

- **プログラム中のコメント文**

  プログラムは，作っているときにその内容が理解できていても，後から見直すとわからなくなることや，自分以外の人にプログラムを見せることもあり，どんなプログラムかを説明（メモ）しておく必要があります．このようなときに用いるのが**コメント**です．コメントは「#」と「""" ～ """」（ダブルクォーテーションを連続 3 つつなげる）の 2 種類があります．「#」は，それ以降，行の終了までの文字列がプログラムでは無視されます．一方，「""" ～ """」は「"""」と「"""」に囲まれた部分がコメントになります．「""" ～ """」を使用したコメントの場合は，複数行にまたがってもかまいません．ただし，インデントには気をつけてください．SPIKE-WB もプログラミングキャンバスにコメントを書き込むことができます．

2.4 プログラムを実行してみよう

プログラムを実行するには，まずプログラムをラージハブに転送します．

2.4.1 プログラムの転送と実行

作成したプログラムを転送して実行するために，PC とラージハブと接続します．

1. 接続の確認

USB 接続によるプログラムの転送では，ラージハブと PC を USB ケーブルで接続するだけで特に設定の必要はありません．Bluetooth を用いて無線接続する場合には，ラージハブが PC（もしくは iPad）と通信するのかをあらかじめ登録（ペアリング）しなければなりません．そのためには，ラージハブと PC（もしくは iPad）のそれぞれに Bluetooth が使用できるように設定しておく必要があります．ペアリングすると，図 2.14 のように SPIKE App の画面上部に，センサやモータの状態が表示されます[28]．

(a) 未接続　　(b) 接続済み

図 2.14　ラージハブの接続状態

2. プログラムの転送，実行

SPIKE App では，画面の右下にある**実行ボタン**，もしくは図 2.15 の**ダウンロードボタン**[29]の**ダウンロード**をクリックしてプログラムをラージハブへ転送します．

図 2.15　SPIKE のパラメータ

3. プログラムの実行 (ラージハブ)

転送したプログラムをラージハブ上から実行するには，ラージハブの左右のボタンを押してプログラム番号を選択し[30]，中央の決定ボタンを押すとプログラムが実行されます[31]．“ドレミ”と LEGO ロボットから音は再生されたでしょうか？ このプログラムは無限ループであるため，実行中のプログラムを停止するには中央のボタンを押してプログラムを強制終了します．

実行した際には，実際のロボットの動作から，アルゴリズム通りに実現されているのかを確認

28　もし，うまく Bluetooth 接続できない場合は，「接続」ボタン

をクリックして，画面の指示に従って再度 Bluetooth 接続を試してください．

29　ダウンロードボタン

プログラム転送に使用します．ダウンロードボタンは，ダウンロード可能なラージハブの番号とダウンロードマークが表示されます．

30　特に指定しない場合，プログラムは「0」に転送されます．

してください．また，ロボットが目的と異なる動作をしたときは，作成したプログラムのどこが悪いかを見直しましょう．この見直しを**デバッグ**と呼び，ロボットプログラミングではとても重要です．

2.4.2 プログラムエラー（Python の場合）

作成したプログラムにエラーが無いと，プログラムがラージハブに転送されます．もし，プログラムの記述ミスや文法に間違いがあるとエラーとなります．その場合，エラーの内容を確認して修正を行います．その後，プログラムの転送と実行を行います．

例として，melody.py のプログラムにエラーを発生させてみましょう．ここでは，8 行目の「sound.beep」の部分を「Sound.beep」と小文字の s を大文字の S にしてプログラムを転送してみましょう．

プログラムエラー

```
XX:XX:XX PM: Compiled
-------------
Traceback (most recent call last):
File "melody", line 14, in <module>
File "melody", line 9, in main
NameError: name 'Sound' isn't defined #Sound は未定義
```

プログラムの世界では，このように大文字と小文字の違いもエラーとなります[32]．また，エラーと表示された部分にエラーが無い場合もあります．その場合は，表示されたエラー行の前後に間違いがないか調べましょう．

■■ 演習課題 2 ■■

- **基本問題**

  2-1. 簡単な曲をつくってみましょう．

- **応用問題**

  2-2. コラム 4 を参考にテンポ (BPM) を指定してメロディを奏でてみましょう．

---

31 決定ボタンとキャンセルボタン

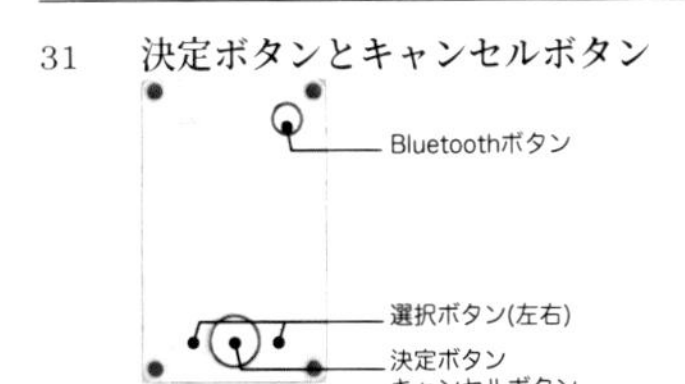

ラージハブには決定ボタン，左右の選択ボタンと右上に Bluetooth のペアリングボタンが付いています．

32 エラーを怖がる必要はありません．プログラミング上達のコツはどんどん間違えることにあります．

コラム 4：テンポ (BPM)

音符でメロディを奏でるには，テンポである BPM を決定する必要があります．BPM は，**Beat Par Minute** であり，1 分間あたりの四分音符の数を表します．

$$\text{四分音符の長さ（秒）} = \frac{60}{\text{BPM}}$$

BPM= 120 とすると，四分音符の長さは $60 \div 120 = 0.5$ 秒となります．八分音符は，その半分の 0.25 秒，二分音符は 1 秒となります．BPM によって，各音符の長さが変化します．

			周波数	秒	(msec)
ド	四分音符	→	523.25 Hz	0.5 秒	500
レ	四分音符	→	587.33 Hz	0.5 秒	500
ミ	二分音符	→	659.26 Hz	1.0 秒	1000

第3章

LEGOロボットのモータを制御しよう（基礎編）

LEGO ロボットを自分の思い通りに動かしてみましょう．本章では，モータ制御について学んだ後，効率の良いプログラムの作り方について学びます．

この章のポイント

→ モータ制御

→ 関数化，マイブロック

3.1　ロボットの組み立て

SPIKE App の「組み立て」の「組み立てガイド」の中から「ドライビングベース 1」を選択して，説明を参考にドライビングベースロボットを組み立てて下さい．ただし，本書で使用するドライビングベースロボットは，L アンギュラモータは使用せず，距離センサを取り付けます．さらに，図 3.1 を参考にフォースセンサ，カラーセンサ，距離センサを取り付けます[1]．

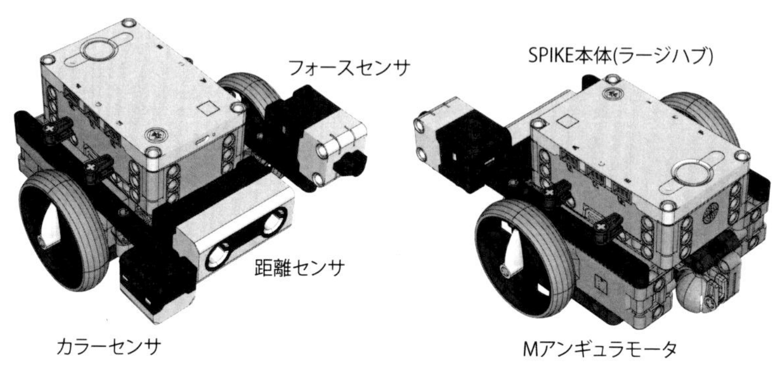

図 3.1　ドライビングベースロボット

これから，このドライビングベースロボットを使って，前進や旋回するためのモータ制御について学んでいきます．

3.2　入出力ポート

ラージハブは，本体の左右に A～F の**入出力ポート**，USB ポートがあります．入出力ポートには，フォースセンサやカラーセンサなど外部の情報を取り込むセンサや，モータを接続します．

図 3.1 のドライビングベースロボットの各センサとモータは，表 3.1 に示すポートに接続します．

表 3.1　ドライビングベースロボットの入出力ポート設定

ポート	種類	名前	位置
入出力ポート A	フォースセンサ	port.A	
B	カラーセンサ	port.B	
C	左モータ	port.C	
D	右モータ	port.D	
E	距離センサ	port.E	
F	使用しません	-	

1　本ロボットの詳細な作り方は，http://robot-programming.jp の Tips にあります．

3.3 ロボットを前進させる（モータ制御１）

本節では，ロボットのモータ制御について学びます．ロボットを指定した時間だけ前進させるにはどうすればよいのでしょうか？

→ モータ制御
→ 移動ブロック
→ motor_pair.pair() 命令
→ motor_pair.move_tank() 命令

3.3.1 前進させるには

ただ「前進しなさい」と命令してもロボットはどれだけ動いてよいかわかりません．そのため，どれだけ前進するかを指定する必要があります．では，「3 秒前進しなさい」と命令したとします．しかしロボットは，何を前進させればよいのか解からないため，前進することができません．ロボットを前進させるには，

「左右のモータを 3 秒間前進しなさい，その後，2 秒後退して停止しなさい」

と，何をどれだけ動かせばよいか詳しく命令する必要があります．

3.3.2 モータ制御によるロボットの前進と後退

ロボットを前進させる命令をプログラムで書くにはどうすればよいのでしょうか？

左右のタイヤを駆動するモータは，図 3.2 のようにラージハブの入出力ポート C と D にそれぞれ接続します．その場合，モータの名前は以下となります．

入出力ポート C のモータ：port.C
入出力ポート D のモータ：port.D

これで，ロボットを前進させるための条件がそろいました．それでは，ロボットを 3 秒前進した後に，2 秒後退して停止する動作を実現しましょう．この動作を実現するためのアルゴリズムの PAD を図 3.3 に示します．

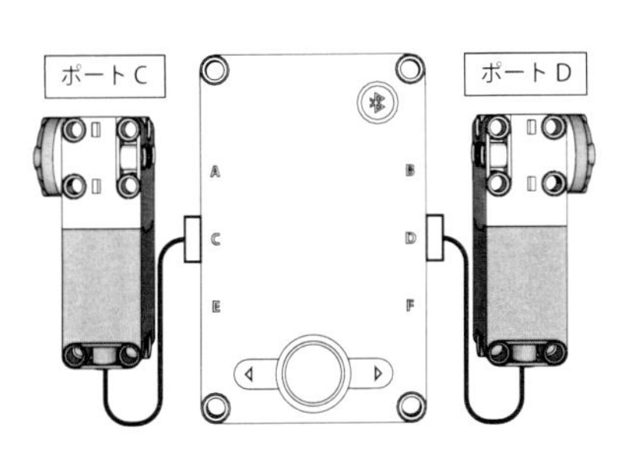

図 3.2 モータの接続

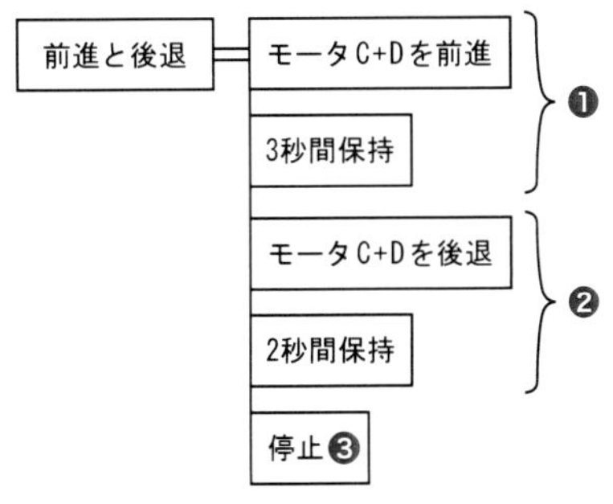

図 3.3 前進プログラムの PAD

アルゴリズムの SPIKE-WB と Python のプログラムは次のようになります．

■ 3.3.2 の SPIKE-WB プログラム

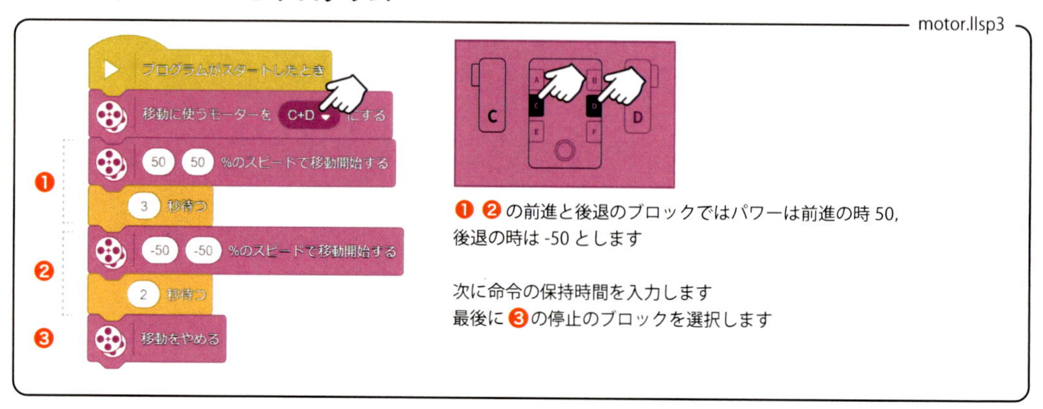

ワードブロックの解説

スタートブロックに移動に使うモーターを○にする[2]を接続します．本章の最初にも説明したように，ロボットに命令（プログラミング）するには，何をどれだけという形で細かく指示する必要があります．そのため，最初に移動に使うモータを C と D に設定します．次に，拡張機能[3]の移動拡張を追加し，○○％のスピードで移動開始する（タンクブロック）[4]を接続します．スピードは左右のモータそれぞれ個別に −100 ～ +100% の範囲で設定できます．今回はどちらも 50% とします．次に○秒待つを接続します．時間は 3 秒とします ❶．これで○○％のスピードで移動開始するが 3 秒間保持されます．❶ と同様に○○％のスピードで移動開始すると○秒待つを ❷ のように接続します．タンクブロックの値は，マイナスにするとモータが逆回転となるため，−50 とするとロボットは後退します．後退の時間は 2 秒とします．モータを停止するには，❸ のように移動をやめる[5]を接続します．

2　移動：移動に使うモーターを○にする

移動に使用するモータを設定します．このブロック以降で移動の命令が有効になるため，最初に接続しておく必要があります．

3　拡張機能
SPIKE-WB には，通常のブロック構成に加えて，「天気予報マネージャー」「モーター拡張」「移動拡張」「センサー拡張」「音楽」「折れ線グラフ」「棒グラフ」「ディスプレイ」の拡張機能があります．拡張機能の追加は，画面左下の「　」をクリックすることで追加できます．拡張機能を追加することで，高度なモータ制御やセンサの読み取りが可能となります．

4　移動拡張：○○％のスピードで移動開始する

2 つのモータを独立に制御することができます．「拡張機能」の「移動拡張」の中にあります．

・モータブロックと移動ブロック

SPIKE-WB には，モータを動かすブロックとして**モータブロック**と**移動ブロック**の 2 種類があります．では，ロボットの前進と後退には，どちらのブロックを使うとよいでしょうか．

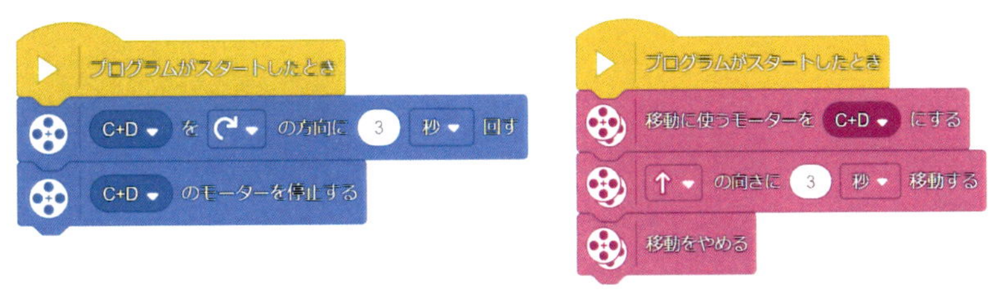

(a) モータブロック　　　(b) 移動ブロック

上記の 2 つのプログラムは，どちらもポート C とポート D のモータを順方向に 3 秒回転してロボットを動かすプログラムです．(a) のプログラムを実行すると，その場でロボットが回転してしまいます．左右にタイヤがついているロボットが前進すると，右と左のモータは逆回転します．移動ブロックの場合は，あらかじめ左右のモータが逆回転するように設定されていますが，モータブロックの場合は，どちらも同じ方向の回転となるため，ロボットはその場で回転してしまうのです．左右のタイヤに，それぞれモータを取り付けて制御する場合は，(b) のように移動ブロックを使用するとよいでしょう．

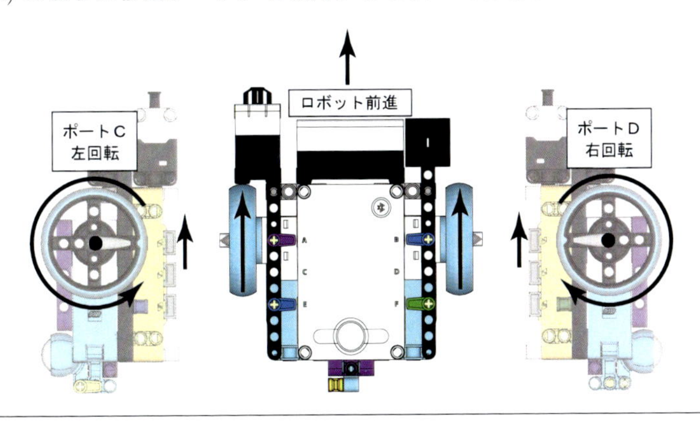

5　移動：移動をやめる

移動に使うモーターを○にする で設定したモータを停止します．

■ 3.3.2 の Python プログラム

motor.py

```
from hub import port
import motor_pair
import time

motor_pair.pair(motor_pair.PAIR_1, port.C, port.D)
❶ motor_pair.move_tank(motor_pair.PAIR_1, 500, 500)
  time.sleep_ms(3000)
❷ motor_pair.move_tank(motor_pair.PAIR_1, -500, -500)
  time.sleep_ms(2000)
❸ motor_pair.stop(motor_pair.PAIR_1)
```

プログラムの解説[6,7,8,9]

motor_pair.pair(motor_pair.PAIR_1, port.C, port.D) は，ペアとなるモータの出力ポートを設定する命令です．左のモータと右のモータをペアとして設定することで，モータの同時制御が可能となります．ここでは，ポート C とポート D のモータをペアとして motor_pair.PAIR_1 という名前で設定します．

motor_pair.move_tank(motor_pair.PAIR_1, 500, 500) はモータペアを前進（順回転）するための命令です．モータの速度（度/秒）を 500 と設定します．次の time.sleep_ms(3000) は，前の命令 motor_pair.move_tank(motor_pair.PAIR_1, 500, 500)（前進）を保持する待機命令です．() の中の数字には，状態を保持する時間を指定します．時間の最小単位は，1/1,000 秒であり，3,000 と指定すると 3 秒となります．これらの命令 ❶ で，左右両方のモータが 3 秒間順方向に回転することで，ロボットは前進します．次に，❷ では，逆方向にモータを回転するため，モータ速度を −500 として motor_pair.move_tank(motor_pair.PAIR_1, -500, -500) と待機命令の time.sleep_ms(2000) を実行し，2 秒間後退します．その後，❸ の motor_pair.stop(motor_pair.PAIR_1) により，モータ C と D を停止します．

6　motor_pair.pair( )：モータのペア作成
motor_pair.pair(ペア名，ポート 1，ポート 2)
ポート 1 とポート 2 をペア名でペアモータとして設定します．

7　motor_pair.move_tank( )：ペアモータの回転命令
motor_pair.move_tank(ペア名，スピード 1，スピード 2)
ペア名で設定したモータをそれぞれのスピードで動します．

8　time.sleep_ms( )：状態の保持
time.sleep_ms(時間)
指定した時間だけ待ちます．単位は msec です．

9　motor_pair.stop( )：停止
motor_pair.stop(ペア名);
指定したペア名の出力を停止します．

3.3.3　動作（実行）の確認

2.2.1 項を参考にプログラムを転送してください．では，ラージハブの決定ボタンを押してプログラムを実行してみましょう．ロボットは 3 秒間前進してから 2 秒間後退して停止しましたか？ ロボットの動きを注意深く観察しましょう．

もし，思った通りに動かないのであれば，もう一度アルゴリズムを考え直し，プログラムを修正してください．間違い（エラー）を発見して，修正し，再度実行（トライ）してみましょう．このトライ＆エラーを何度も繰返していくことが，プログラミングが上達する一番の近道となります．

3.4　ロボットを旋回させる（モータ制御 2）

ロボットをその場で旋回させるにはどうすればよいかを学びます．

→ 旋回
→ 繰返し命令

3.4.1　ロボットの右旋回

ロボットの前進は，両方のモータを順方向に回転して実現しました．ロボットがその場で旋回するには，以下の 2 種類の方法があります．

(a) 片方のモータを順方向に回転，もう片方のモータを逆方向に回転

(b) 片方のモータを順方向に回転，もう片方のモータを停止

上記の 2 種類の方法は，図 3.4 のように，それぞれ旋回の中心が変わります．ここでは，ロボットをその場で右旋回したいので，図 3.4(a) のように，ポート C のモータを順方向に回転，ポート D のモータを逆方向に回転させます．

ロボットが 3 秒間前進した後，2 秒間右旋回して停止するというプログラムを考えてみましょう．アルゴリズムの PAD を図 3.5 に示します．

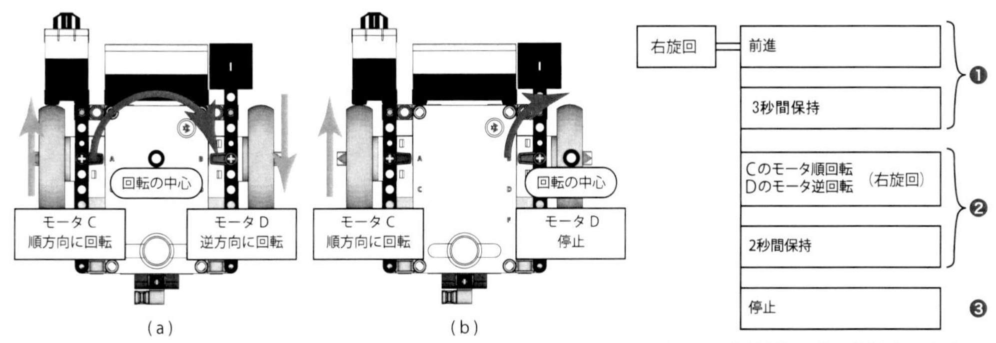

図 3.4　2 種類の旋回

図 3.5　右旋回のプログラムの PAD

本アルゴリズムの SPIKE-WB と Python のプログラムは次のようになります．

■ 3.4.1 の SPIKE-WB プログラム

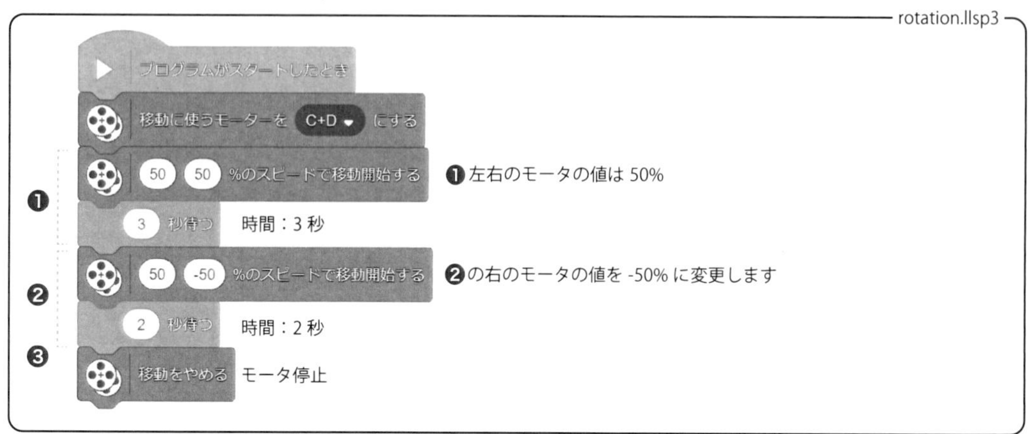

ワードブロックの解説

40 ページで作成したプログラム (motor.llsp3) の ❷ の値を変更します．今回は前進した後，2 秒間その場で右旋回のため，ブロック ❷ で B のモータを順方向に C のモータを逆方向に回転させます．このとき，C のスピードを **50**% に，D のモータのスピードを −**50**% とします．その後に，2 秒状態を保持してからモータを停止します．

■ 3.4.1 の Python プログラム

rotation.py

```
from hub import port
import motor_pair
import time

motor_pair.pair(motor_pair.PAIR_1, port.C, port.D)
motor_pair.move_tank(motor_pair.PAIR_1, 500, 500)
time.sleep_ms(3000)
motor_pair.move_tank(motor_pair.PAIR_1, 500, -500)
time.sleep_ms(2000)
motor_pair.stop(motor_pair.PAIR_1)
```

（❶：move_tank(…, 500, 500)～sleep_ms(3000)，❷：move_tank(…, 500, -500)～sleep_ms(2000)，❸：stop）

プログラムの解説

❶ の処理は motor.py と同じなのでここでは省略します．❷ の motor_pair.move_tank (motor_pair.PAIR_1, 500, -500) は，ポート C に接続したモータを速度 500 で順方向に，ポート D に接続したモータを速度 −500 とすることで逆方向に回転する命令となります．time.sleep_ms(2000) で，前命令の motor_pair.move_tank( ) の状態を 2 秒間保持します．これらの命令で，ロボットが 3 秒間前進した後に，その場で 2 秒間右旋回します．その後 ❸ の

motor_pair.stop(motor_pair.PAIR_1) により，モータ C と D を停止します．

タンクブロックとステアリングブロック

タンクブロック	C：50 D：50	C：50 D：30	C：50 D：10
ステアリングブロック	ステアリング：0	ステアリング：20	ステアリング：40

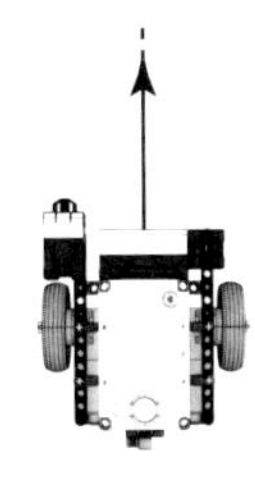
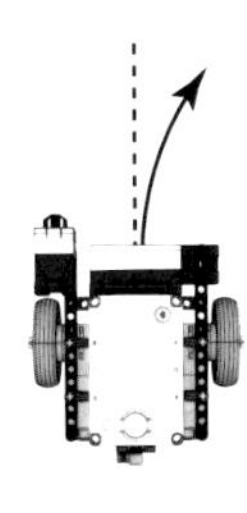
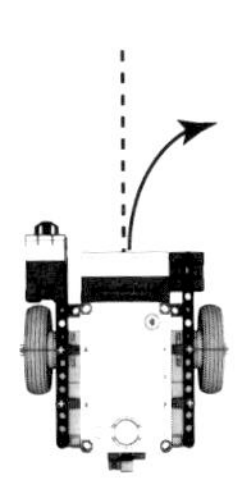

SPIKE-WB にはモータを制御するブロックとして「タンク」と「ステアリング」があります．タンクは左右のモータをそれぞれ独立に制御するのに対して，ステアリングは，自動車のステアリング（ハンドル）を操作して動かすのと同じように，1 つの値 (−100 ～ +100) だけで左右のモータを制御します．

3.4.2 ロボットをその場で 90 度旋回させるには

角度を指定してロボットを旋回するには，どうすればよいでしょうか？ その方法として，

1. 時間指定によるモータの制御
2. 回転角度によるモータの制御

があります．1. の時間指定によるモータの制御方法では，タンクブロックや time.sleep_ms 命令でモータを回転する時間を指定します．しかし，床が板張りとカーペットでは抵抗が異なるため同じ時間を指定しても，旋回する角度は異ってしまいます．時間指定によるモータ制御では，ロボットを思い通りに動かすためには，様々な場所（環境）で試行錯誤を繰返す必要があります．

2. のモータの回転角度の制御の場合，モータ軸の回転角度を指定してロボットを 90 度旋回させるには工夫が必要です．SPIKE-WB では，移動ブロックではなく，モータブロックを使用します．Python の場合は，motor_pair.move_tank_for_degrees( ) 命令[10]を使用します．

10 motor_pair.move_tank_for_degrees( )：モータペアの角度指定回転
motor_pair.move_tank_for_degrees(ペア名，回転角度，ポート 1 速度，ポート 2 速度)
ペア名のモータの速度と角度を指定します．

3.4.3　一周するには（ループブロック，for 文）

ロボットを一周させるにはどうすればよいでしょうか？ 前進と 90 度の右旋回を図 3.6 のように 4 回繰返すとロボットは一周して元の位置に戻ります．このアルゴリズムの PAD を図 3.7 に示します．

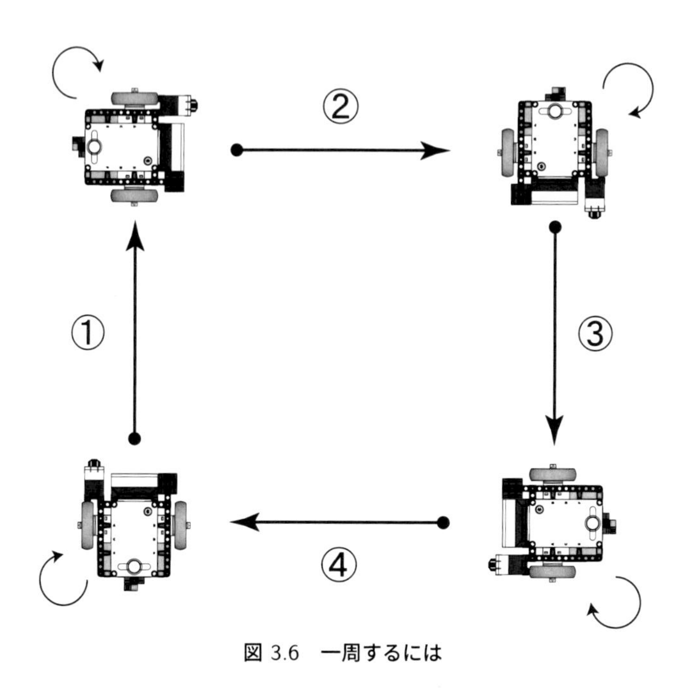

図 3.6　一周するには

図 3.7 をプログラムにするには，SPIKE-WB では，図 3.9(a) のように，ブロックを 15 個並べることになります．Python では，図 3.10(a) のように前進して 90 度旋回するプログラムを 4 回書くことになります．では，ロボットを 100 周させるにはどうすればよいでしょうか？ 前進と旋回を 400 回繰返せばロボットは 100 周しますが，2400 行のプログラムを書く必要があります．これはとても大変ですし，間違えて入力するかもしれません．このように，同じことを何回も行う場合は，繰返し命令を用います．繰返し命令を使用したアルゴリズムの PAD を図 3.8 に示します．

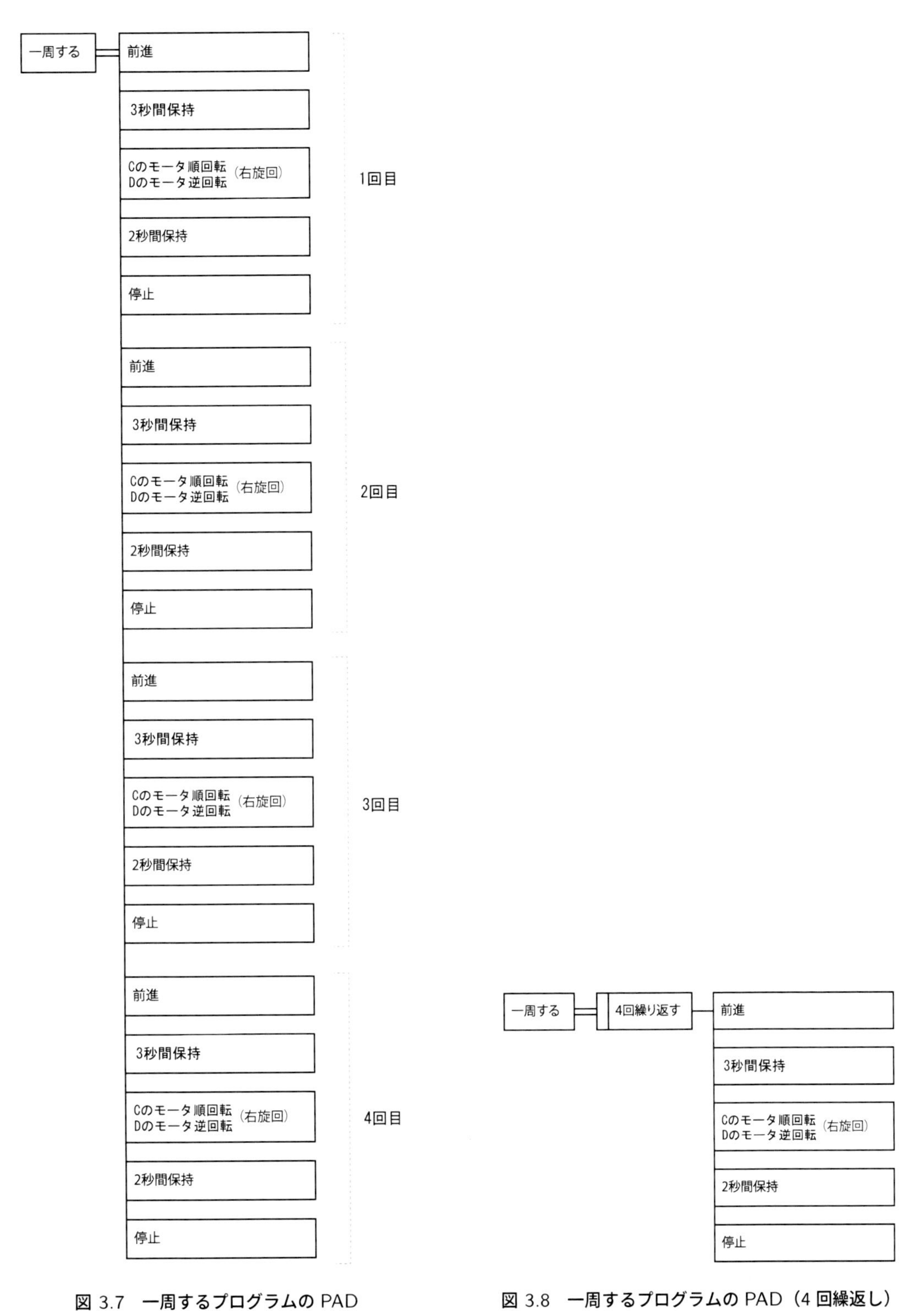

図 3.7　一周するプログラムの PAD

図 3.8　一周するプログラムの PAD（4 回繰返し）

■ 3.4.3 の SPIKE-WB プログラム

SPIKE-WB で繰返しを実行するには，図 3.9(b) のようにループブロックを用います．繰返して実行する動作（前進して旋回する）ブロックをループの中に入れます．ループの繰返し回数を 4 に設定すると，ロボットは 1 周することになります．たとえば，ループの繰返し回数を 400 に設定すると，ロボットは 100 周することになります．

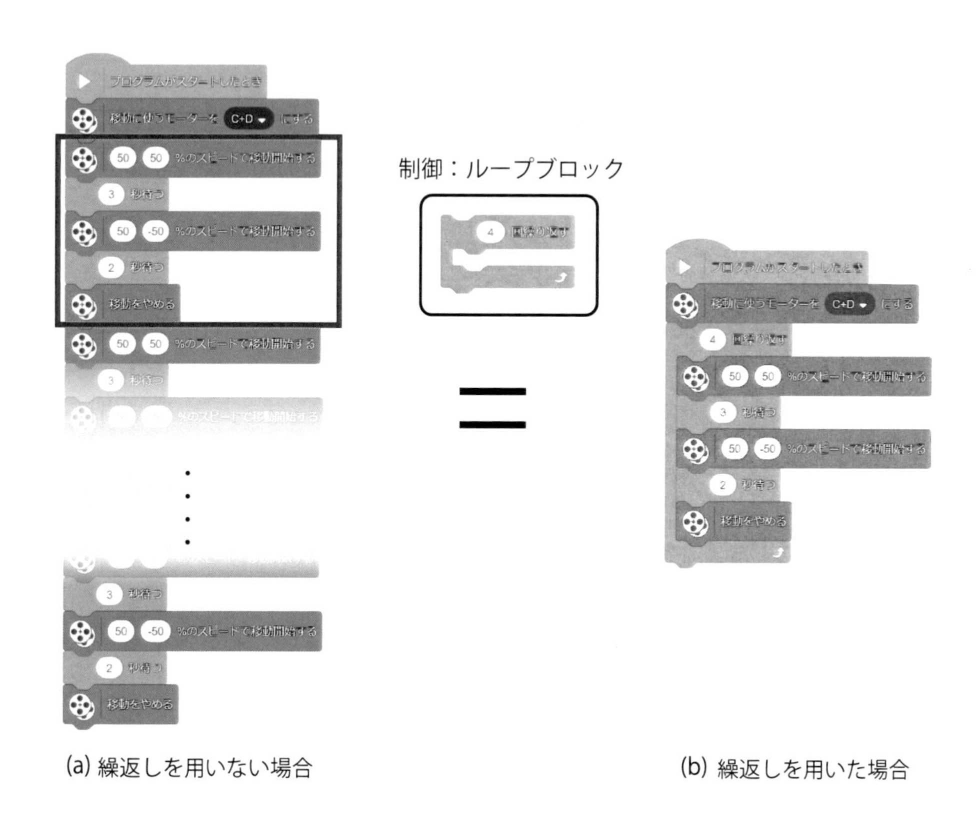

(a) 繰返しを用いない場合　　(b) 繰返しを用いた場合

図 3.9　ループブロックによる 1 周するプログラム (SPIKE-WB)

■ 3.4.3 の Python プログラム

Python では，繰返し命令に，`for` 文[11]を使用します．`for` 文は条件を満たすまで任意の処理を繰返します．図 3.10(b) のように，`for` 文の `range( )` 中に繰返しの回数を，次の行から繰返す処理をインデント（字下げ）して記述します．条件を 400 回繰返すように設定 `range(400)` すれば，ロボットは文句も言わずに 100 周するわけです．このように，`for` 文を用いることでプログラムの変更が容易となります．

次に，繰返し命令である `for` 文を `while` 文に変更してみましょう．`while True` とすると，

11　for :反復構造
```
for i in range(回数)
  例:10 回繰返すとき
for i in range(10)
    繰返す内容
```

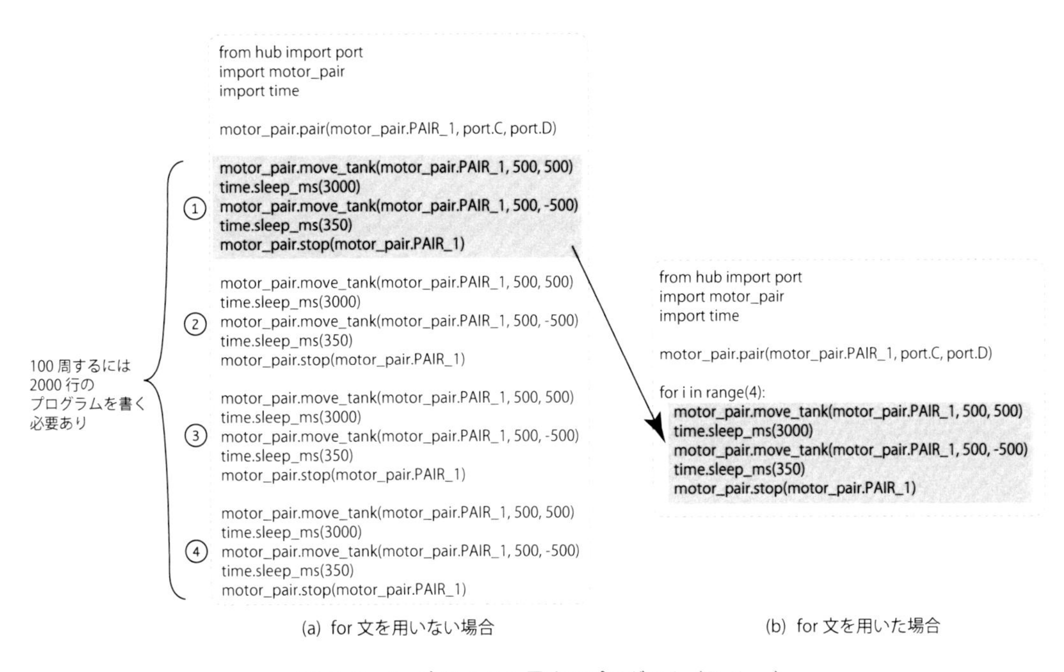

図 3.10　for 文による 1 周するプログラム (Python)

ロボットは延々と前進と旋回を繰返します．この終わりの無い繰返しを**無限ループ**と言います．この場合，ロボットは，キャンセルボタンを押すか，電池がなくなるまで動き続けることになります．

Python 言語のインデント

Python ではインデント (字下げ) が重要な意味をもちます．`for` 文や `while` 文を用いる場合は，「:」（コロン）の後に実行したいプログラムをインデントする必要があります．インデントは通常，半角スペース 4 文字になります．

3.5　効率の良いプログラムをつくるには

ロボットを思い通りに動かすため，何度もトライ&エラーを繰返してプログラムを更新します．また，多くの開発者は，他の人のプログラムを参考にしてより良いプログラムを作成します．その際，機能ごとにプログラムをまとめたり，他人が理解しやすいプログラムを心がけています[12]．本節では，効率の良いプログラムを書くコツとして，SPIKE-WB ではマイブロック，Python では関数化について説明します．

12　第 1 章 コラム 1：きれいなプログラム を参照

3.5.1　マイブロック (SPIKE-WB)

マイブロックを用いると，複数のブロックを組み合せて，1 つの新しいブロックとして使用できます．マイブロックは再利用可能なため，効率の良いプログラム開発ができ，プログラムの見た目がとてもすっきりします．

マイブロック化の手順

図 3.11(a) のように，パレット「マイブロック」から「ブロックを作る」をクリックします．画面上に図 3.11(b) のようなマイブロックの名前を入力する画面が表示されるため，マイブロック名を入力します．このマイブロック名は，わかりやすいものにするとよいでしょう．「保存する」をクリックすると，パレット「マイブロック」に，先ほど設定したブロック名のブロックと，プログラミングキャンバス上に図 3.11(c) のようにブロック名の「定義」ブロックが表示されます．定義ブロックにマイブロック化したい動作を接続すれば完成です．

(a)「ブロックを作る」選択

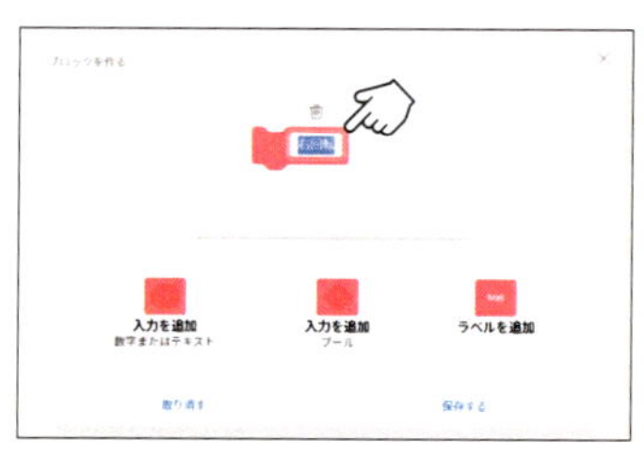

(b) ブロック名の入力

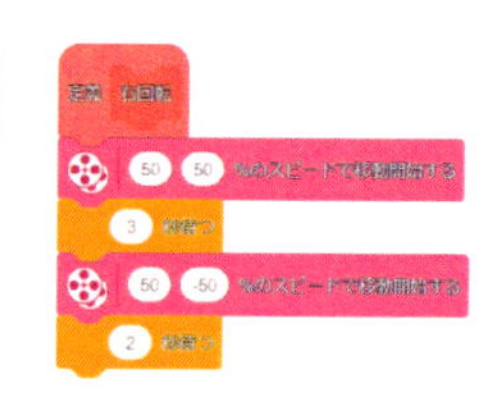

(c) 定義の設定

図 3.11　マイブロック化

パレット「マイブロック」に表示されているマイブロックは，図 3.12 のように，通常のブロックと同じように使用することができます．

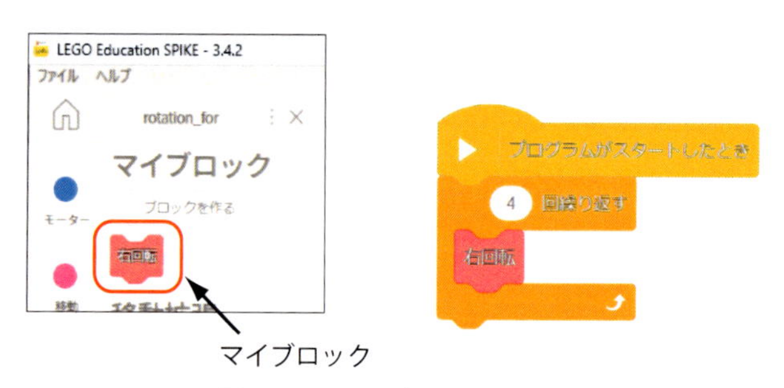

図 3.12　マイブロックの利用

3.5.2　関数化 (Python)

関数は，ロボットのある動作（たとえば，前進して右旋回）を 1 つの機能としてまとめたものです．プログラムの一部をまとめて 1 つの関数にすることを関数化と呼びます．動作ごとに関数化することで，プログラムの流れを把握しやすくなります．また，関数化することによって，同じ変更が複数あった場合にも，1 つの関数を直すだけで済みます．このようにプログラムの手直しが楽になり，新しくプログラムを作る際には，すでに作成した関数（機能）を再利用することで，効率の良いプログラム開発が可能となります．

関数と引数

SPIKE の Python では，よく使う機能は関数としてあらかじめ用意されています．これまで使用した motor_pair.move_tank 命令や time.sleep_ms 命令は SPIKE 専用の命令として用意されている関数です．また，自分専用の関数を作ることもできます．図 3.14 では ① の網掛けの部分を関数化したものが ② になります．さらに ③ は引数[13]を持つ関数となります．関数は，引数として受け取った値をモータのパラメータとしてロボットを動かします．引数の値を変えることで，同じ関数でもループの繰返し回数やモータの時間などに反映することができます．図 3.14 の ③ は，① と比べて，プログラムの流れが把握しやすくなっています．関数化する際は，あとから見て何をしているか，わかるように関数名[14]をつけるとよいでしょう．

① 関数なし

```
from hub import port
import motor_pair
import time

motor_pair.pair(motor_pair.PAIR_1, port.C, port.D)
motor_pair.move_tank(motor_pair.PAIR_1, 500, 500)
time.sleep_ms(3000)
motor_pair.stop(motor_pair.PAIR_1)

motor_pair.move_tank(motor_pair.PAIR_1, 500, -500)
time.sleep_ms(2000)
motor_pair.stop(motor_pair.PAIR_1)
```

図 3.13　関数化のトリック (1)

13　引数
関数に渡す値を実引数，関数で変数として扱うものを仮引数と呼びます．実引数と仮引数の総称が引数です．

14　関数化する際には関数の名前（関数名）を付けます．本書では，関数名を何をする関数かわかるように○○_○○ とアンダースコアでつないで使用しています．
例： turn_right()

② 関数（引数なし）

```
from hub import port
import motor_pair
import time

def forward():
    motor_pair.move_tank(motor_pair.PAIR_1, 500, 500)
    time.sleep_ms(3000)
    motor_pair.stop(motor_pair.PAIR_1)

def turn_right():
    motor_pair.move_tank(motor_pair.PAIR_1, 500, -500)
    time.sleep_ms(2000)
    motor_pair.stop(motor_pair.PAIR_1)

motor_pair.pair(motor_pair.PAIR_1, port.C, port.D)
forward()
turn_right()
```

③ 関数（引数あり）

```
from hub import port
import motor_pair
import time

def forward(movetime):
    motor_pair.move_tank(motor_pair.PAIR_1, 500, 500)
    time.sleep_ms(movetime)
    motor_pair.stop(motor_pair.PAIR_1)

def turn_right(movetime):
    motor_pair.move_tank(motor_pair.PAIR_1, 500, -500)
    time.sleep_ms(movetime)
    motor_pair.stop(motor_pair.PAIR_1)

motor_pair.pair(motor_pair.PAIR_1, port.C, port.D)
forward(3000)
turn_right(2000)
```

図 3.14　関数化のトリック (2)

戻り値

関数は戻り値により，関数内で計算した結果等を，呼び出し元の関数（たとえば main()）に引き渡すことができます．これにより，関数と関数の間でデータのやりとりができます．

1 秒前進した後，2 秒後退するプログラムを考えます．PAD を図 3.15 に示します．

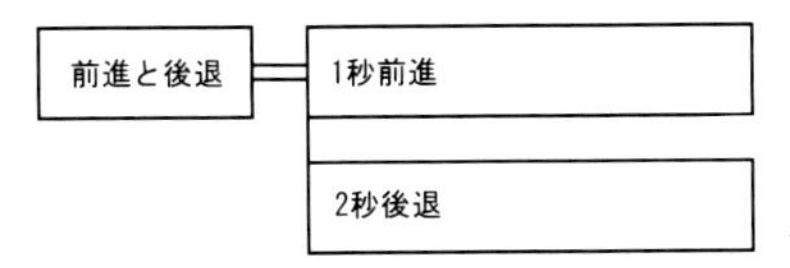

図 3.15 1 秒前進と 2 秒後退の PAD

戻り値を用いたプログラムは以下のようになります.

```
from hub import port
import motor_pair
import time

def forward(movetime):
    motor_pair.move_tank(motor_pair.PAIR_1, 500, 500)
    time.sleep_ms(movetime)
    motor_pair.stop(motor_pair.PAIR_1)
    t = movetime*2
    return t # t を戻り値とする

def backward(movetime):
    motor_pair.move_tank(motor_pair.PAIR_1, -500, -500)
    time.sleep_ms(movetime)
    motor_pair.stop(motor_pair.PAIR_1)

motor_pair.pair(motor_pair.PAIR_1, port.C, port.D)
wtime = forward(1000) # 戻り値を wtime に代入
backward(wtime)
```

このプログラムは,関数 forward() をコールした際に,1000 が引数として変数 movetime に代入されます.motor_pair.move_tank 命令により,ロボットは 1 秒前進します.その後,変数 movetime の値を 2 倍し,変数 t に代入します.さらに return 文により,変数の値を戻り値として,変数 wtime に代入します.次に,変数 wtime の値を引数として,関数 backward() が動作します.

3.5.3 変数 (Python)

Python プログラムでは,同じ数値(モータのパワー,前進時間,回転時間など)がプログラム中で何度も使用されます.実際にロボットを動かして調整するには,これらのパラメータ[15]を

15 パラメータ
ロボットを実行するときに,動作を指定するために外部から与える設定値

変更する必要があります．このような場合に，プログラム中にあるすべてのパラメータの値を変更する作業は，大変な手間がかかる上にプログラムミスを引き起こす原因にもなります．そこで，あらかじめ変数として定義しておきます．たとえば，下記のプログラムでは，モータのパワーを示す“50”という文字列を“POW”という文字列と定義します．これにより，その後出現する“POW”は全て“50”に置き換えられます．文頭に定義した 1 行を修正するだけで，プログラム内のすべてのパラメータを変更することができます．44 ページの rotation.py で使用する時間とパワーのパラメータを定数を用いて定義すると次のようになります．

```
from hub import port
import motor_pair
import time

MOVE_TIME = 3000
TURN_TIME = 2000
POW = 500

motor_pair.pair(motor_pair.PAIR_1, port.C, port.D)  # C と D のモータを速度
500 で回転
motor_pair.move_tank(motor_pair.PAIR_1, POW, POW)
time.sleep_ms(MOVE_TIME)        # 3 秒間保持
motor_pair.stop(motor_pair.PAIR_1) # 停止
motor_pair.move_tank(motor_pair.PAIR_1, POW, -POW)  # C のモータは速度 500,
D は-500 で回転
time.sleep_ms(TURN_TIME)        # 2 秒間保持
motor_pair.stop(motor_pair.PAIR_1) # 停止
```

上記のプログラムでは，前進する時間を MOVE_TIME，回転の時間を TURN_TIME，モータのパワーを POW と定義しています．もし，回転時間を変更したい場合は，#define TURN_TIME の数値 2000 を変更します．数値ではなく意味のある文字列にしておくことで，何をするための数値か明確になり，プログラムの可読性が良くなります．

3.5.4　スパイラル軌跡を描く

これまでに学んだモータ制御とマイブロックや関数化を使用して，ロボットに複雑な軌跡を描かせてみましょう．図 3.16 のように前進する距離が増えていくスパイラルの軌跡を描くロボットは，どのように考えたらよいでしょう？

まずは，図形からロボットの動作の法則を見つけます．図 3.16 をみると，スパイラル軌跡は「ある一定の距離を進んだ後，90 度右旋回する」の繰返しであることがわかります．繰返しの回数と前進距離，旋回の関係は，表 3.2 のように，回数が 1 増えるごとに距離が 10cm 増えている

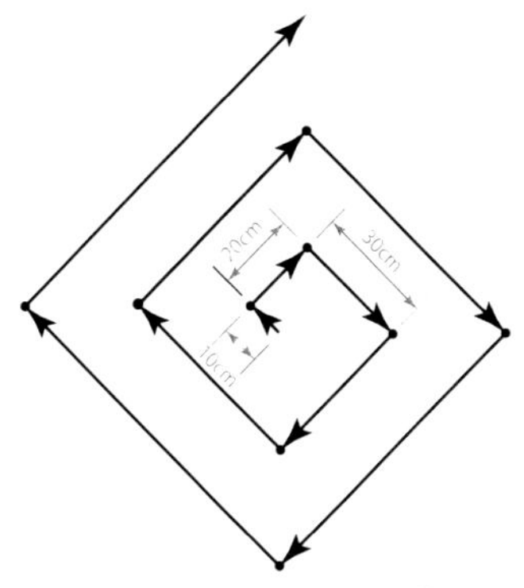

図 3.16　スパイラルを描く

ことがわかります．したがって，ロボットの前進距離は以下の式で求めることができます．

$$\text{前進距離}\,[\mathrm{cm}] = \text{回数} \times 10[\mathrm{cm}]$$

では，ロボットを任意の距離だけ前進させるためには，どうすればよいでしょうか？ そこで，ロボットのタイヤが 1 回転すると何 cm 進むかを知る必要があります．実際のロボットをタイヤ 1 回転分前進して距離を測ってみてもよいですし，タイヤの直径 (5.6cm) から算出してもよいでしょう．タイヤ 1 回転あたりの進む距離は，図 3.17 のように実際のロボットで測定すると約 17.5cm です．したがって，ロボットを $x$cm 前進させるには，モータの回転角度を

$$\text{モータの回転角度}\,[^\circ] = \text{前進する距離}\,x[\mathrm{cm}] \times \frac{360[^\circ]}{17.5[\mathrm{cm}]}$$

と求めることができます[16]．演算した結果を用いてモータを制御することで，スパイラル軌跡を実現することができます．

表 3.2　回数と前進距離の関係

回数	前進	右旋回
1	10cm	90 度
2	20cm	90 度
3	30cm	90 度
4	40cm	90 度
5	50cm	90 度
6	60cm	90 度
7	70cm	90 度
8	80cm	90 度
9	90cm	90 度
10	100cm	90 度

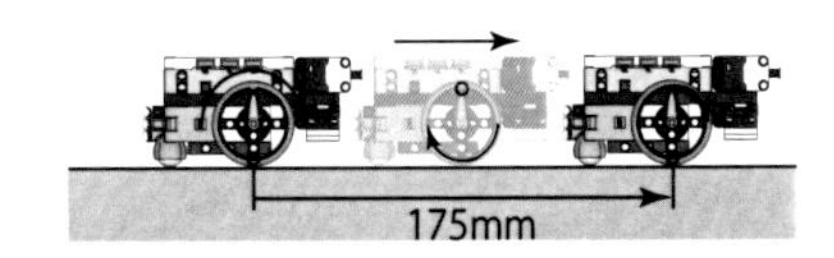

図 3.17　タイヤ 1 回転で進む距離

16　$\frac{360[^\circ]}{17.5[\mathrm{cm}]} = 20.57$ となります

回数と距離が規則性を持って増加していき，スパイラルを描く PAD を図 3.18 に示します．

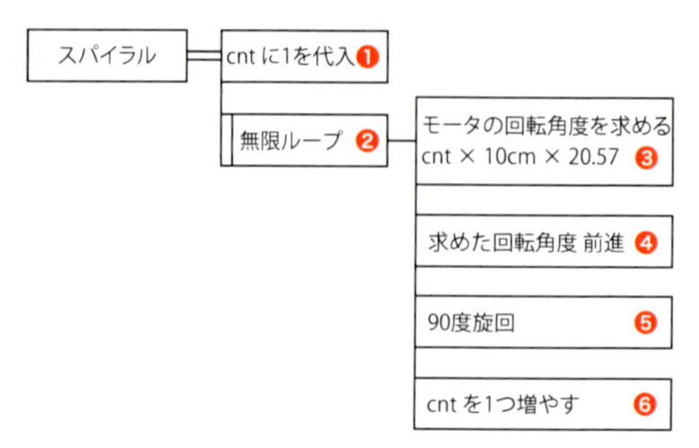

図 3.18　スパイラルを描く PAD

アルゴリズムの SPIKE-WB と Python のプログラムは次のようになります．

■ 3.5.4 の SPIKE-WB プログラム

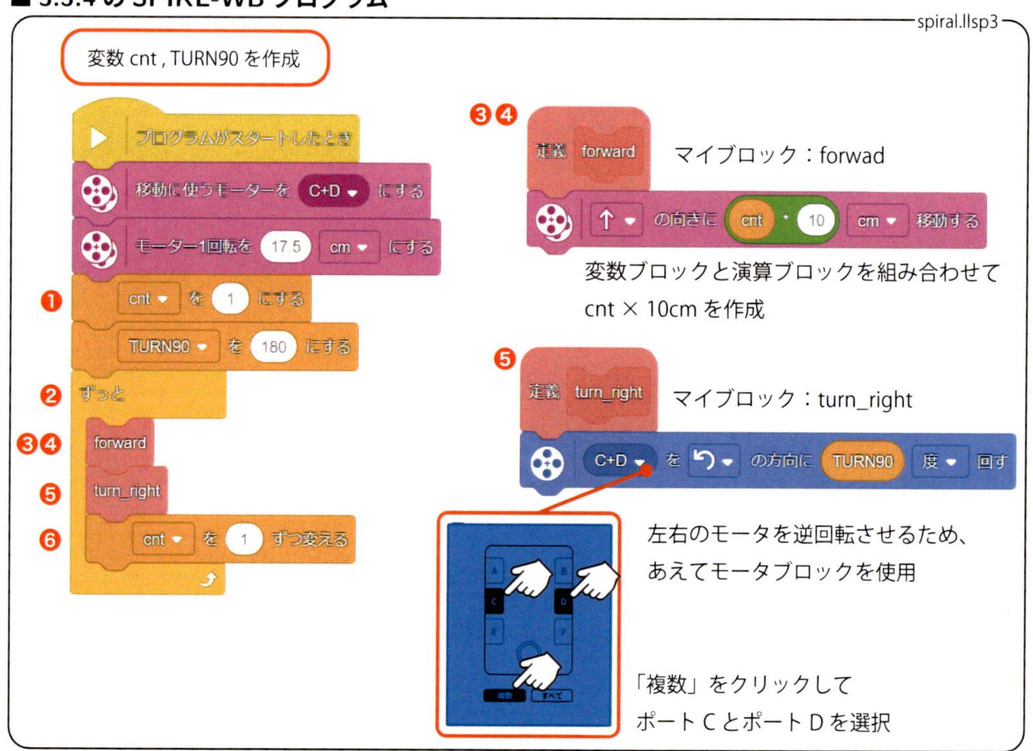

プログラミングブロックの解説

まず最初にスパイラルの繰返し回数をカウントする変数ブロック（cnt）と 90 度回転するための変数（TURN90）を作成します[17]．

その初期値として，❶ で「1」を代入します．PAD では，モータの回転角度を求めてロボットを前進するアルゴリズムですが，SPIKE-WB では，あらかじめモータ 1 回転の時のロボットの移動距離を設定することができます[18]．モーター 1 回転を○にする 以降は，ロボットの移動を

cm 単位で指定することができます．❸ ❹ のマイブロック forward は，進む距離を変数 cnt と 10cm の距離で決めます．❸ で計算した距離を直進した後，❺ により，ロボットはその場で 90 度旋回します．41 ページで解説したように，ロボットを前進させるということは，左右のモータを逆回転させる必要があります．しかし，SPIKE-WB では左右のモータの速度を変化させてその場回転をすることは可能ですが，角度指定して逆回転するこができません[19]．そのため，移動ブロックではなくモータブロックを使うことで左右のモータの角度指定回転を実現しています．モータの角度は変数 TURN90 を使用しています．❻ により，変数 cnt に 1 を加算します．❷ の無限ループにより，無限に繰返します．

■ 3.5.4 の Python プログラム

spiral.py

```
from hub import port
import motor_pair
import time
import runloop
TURN_ANGLE = 180
POW = 500

async def forward(cm):
❸    move_angle = int(cm*20.57)
❹    await motor_pair.move_tank_for_degrees(motor_pair.PAIR_1,move_angle, POW, POW)
     motor_pair.stop(motor_pair.PAIR_1)

❺ async def turn_right(turn_angle):
     await motor_pair.move_tank_for_degrees(motor_pair.PAIR_1,turn_angle, POW, -POW)
     motor_pair.stop(motor_pair.PAIR_1)

async def main():
     motor_pair.pair(motor_pair.PAIR_1, port.C, port.D)
❶    cnt = 1.0
❷    while True:
❸❹       await forward(cnt*10.0)
  ❺       await turn_right(TURN_ANGLE)
  ❻       cnt=cnt+1

runloop.run(main())
```

プログラムの解説

❶ は，繰返し回数をカウントする変数 `cnt` を宣言し，初期値を 1 とします．関数 `forward()` では，`cnt*10.0` を引数として，変数 cm に代入されます．❸ の計算により，モータの回転角度に変換し，変数 `move_angle` に代入します．❹ により，モータ CD を順方向に変数 `move_angle` の値だけ回転します．その後，❺ を実行し，ロボットは 90 度旋回します．❻ によりカウント値

17　変数ブロック
テキスト，数値，ロジックを一時的に保管しておく箱のようなものです．「変数：変数を作る」から名前を入力すると作成できます．

18　移動：モーター 1 回転を○にする

モータ 1 回転の移動距離を設定します．単位は cm とインチが選択できます．

19　SPIKE App 3.4.2 現在.

が 1 増えます．❷ の無限ループにより，前進と右旋回を無限に繰返します．

■■　演習課題 3　■■

- **基本問題**

3-1. モータのパワーを 50,75,100 と変化させたとき，ロボットが 5 秒間に前進する距離を調べて，パワーと距離の関係をグラフに描いてみましょう．

3-2. 45 度に旋回するように調整してみましょう．

3-3. 前進，旋回を繰返して 2 周まわるようにしてみましょう．

- **応用問題**

3-4. 三角形に動くロボットにしてみましょう．

3-5. 下図のような星形や軌跡（円形スパイラル）を描くようにしましょう．

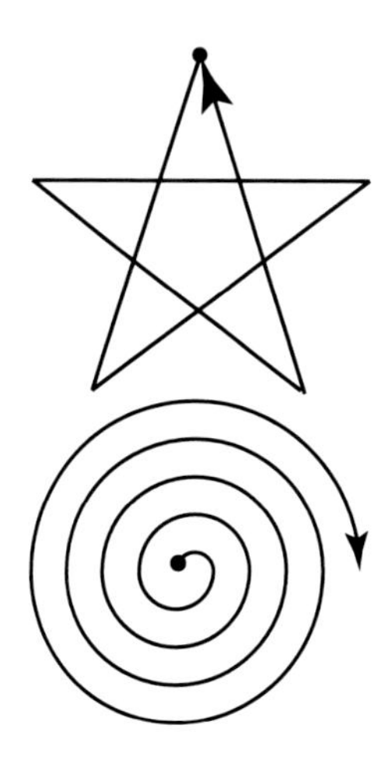

ヒント：円形スパイラルは左右のモータのバランスを徐々に変えていくとよいでしょう．

第4章

LEGOロボットのセンサを利用しよう（基礎編）

LEGO ロボットをセンサからの情報を用いて動かしてみましょう．本章では，センサを用いたロボット制御として，障害物回避とライントレースについて学びます．

この章のポイント

→ フォースセンサと距離センサによる障害物回避
→ モーションセンサによるロボットの旋回
→ カラーセンサによるライントレース

4.1　フォースセンサによる障害物回避

「ロボットが障害物にぶつかったら，停止する」という動作はどうすれば実現できるでしょうか？ フォースセンサは，センサの先端にかかる力を計測して，どれくらい押されているかを伝えるセンサです．フォースセンサを用いることで，障害物にぶつかったことを知ることができます．

ここでは，フォースセンサから得られる情報をもとに，条件分岐により障害物を回避する方法について学びます．

4.1.1　フォースセンサの接続

フォースセンサを使用するには，フォースセンサのワイヤーコネクタをラージハブのポートに接続します．先に組み立てたロボットは，図 4.1 のように，ポート A にフォースセンサが接続されており，ロボットの左前方に付けられています．センサを使用するには，どのポートに，どの種類のセンサを接続しているかを確認しておく必要があります．

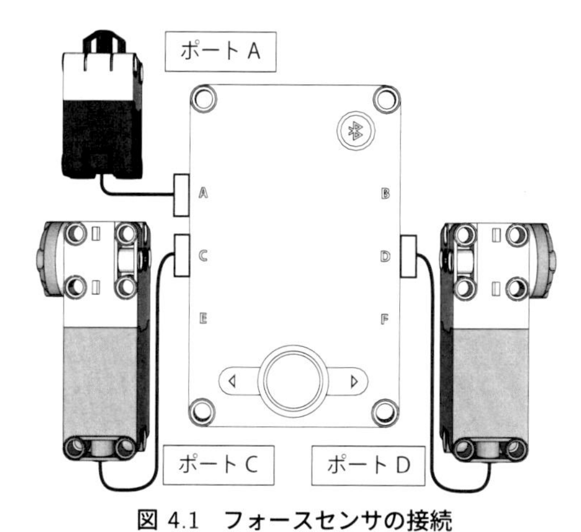

図 4.1　フォースセンサの接続

4.1.2 フォースセンサによる障害物回避（if 文，もし〜ならば）

図 4.2 のように，常に前進し，障害物にぶつかると回避するロボットを作成します．では，障害物回避のアルゴリズムを，まず人間の言葉で書いてみましょう．

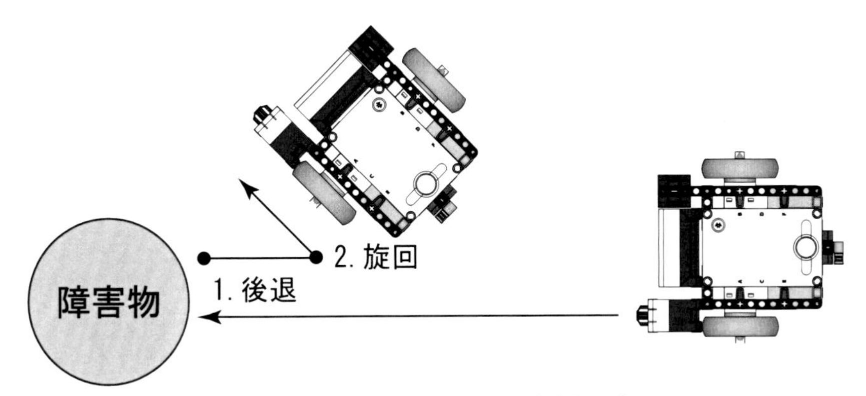

図 4.2 フォースセンサによる障害物回避

1. 常にロボットを前進
   →無限ループの利用
2. フォースセンサが押されたら，障害物に衝突したと判定
   →条件分岐による場合分け
3. 衝突と判定したら，ロボットを一定の距離後退し，右旋回して進行方向を変える．その後，1. に戻る．

これを PAD で表すと，図 4.3 のようになります．

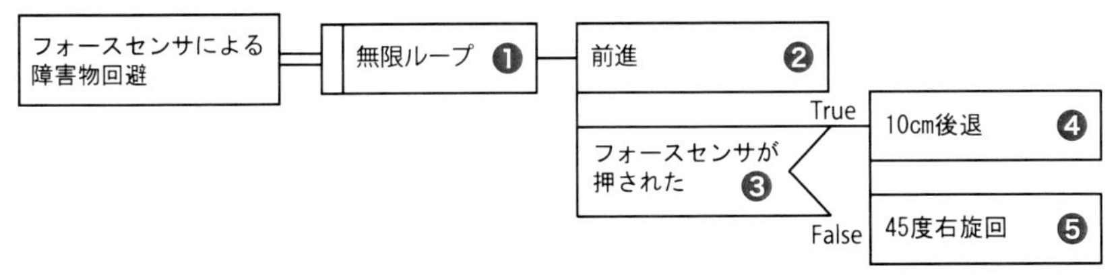

図 4.3 フォースセンサによる障害物回避の PAD

ロボットを 10cm 後退させるためには，3.5.4 で説明したモータの回転角度を用います．今回のプログラムでは，ロボットは 10cm 後退する必要があります．アルゴリズムの SPIKE-WB と Python のプログラムは次のようになります．

■ 4.1 の SPIKE-WB プログラム

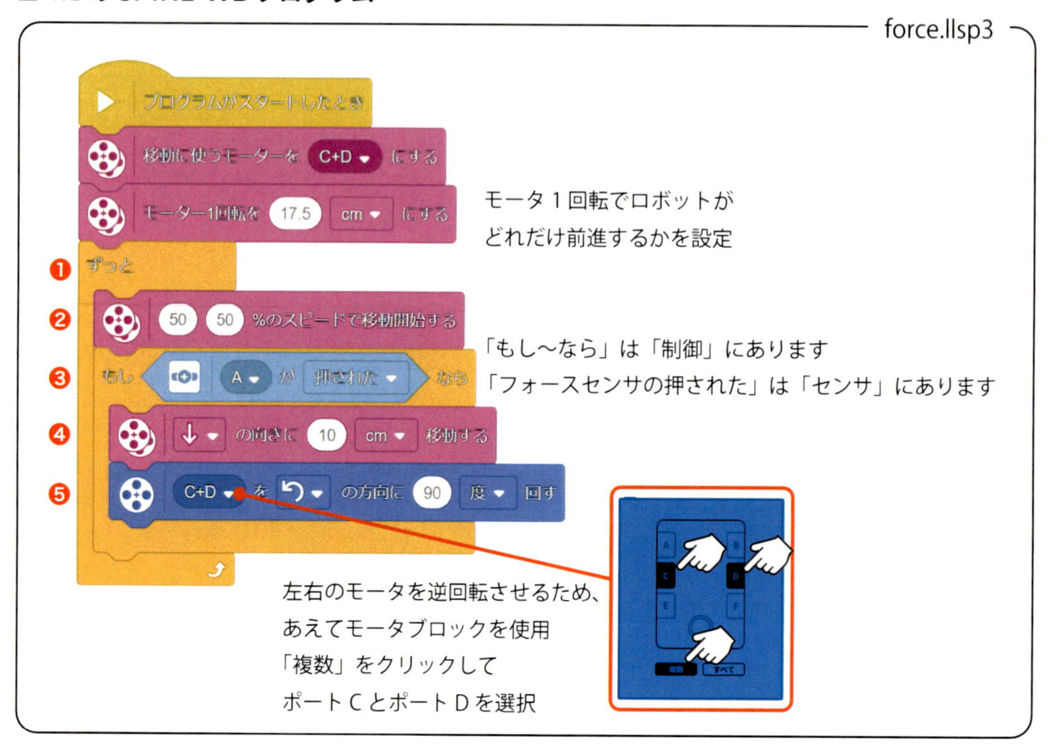

プログラミングブロックの解説

処理を繰り返すために ずっと ❶ を接続します．前進するために ずっと の中に ○○％のスピードで移動開始する ❷ を接続します．保持時間を設定しないため，一瞬だけ前進した後，すぐに次の処理（ブロック）に移ります．ここでは無限ループ中で繰り返すので，常に前進することになります．次に，障害物に衝突したかどうかを判断するために もし～なら ❸ [1]を用います． もし～なら は，条件に応じて処理を分岐する際に使用します．今回は，フォースセンサが障害物に衝突したかどうかで判断するため， フォースセンサ A が押された [2] ❸ に設定します．これでロボットがフォースセンサの状態から，障害物に衝突したかどうかを判断できるようになります．

次に，障害物回避のプログラムを考えましょう．衝突した際の処理は ❸ の もし～なら の中に記述します．障害物に衝突していない場合は もし～なら の中は実行されずに次の命令へ進みます．障害物に衝突したら，回避するために ❹ の移動ブロックで 10cm 後退し，❺ のモータブ

1　制御：もし～なら

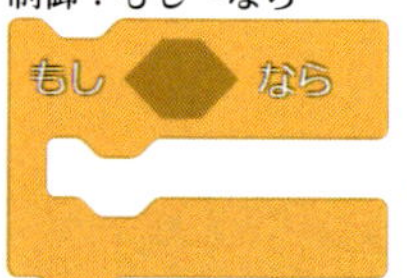

センサの状態や条件に応じて，処理を分岐するときに用います．条件を満たす（真）とループ内が実行され，それ以外（偽）は無視されます．

2　センサー：フォースセンサ○が押された

フォースセンサの状態を設定します．フォースセンサは "押された"，"強く押された"，"離れた" の 3 種類の条件があります．

ロックで右旋回して向きを変えます[3]. ❸ の条件分岐ブロックの処理が終了すると, ❶ の無限ループにより, ❷ の前進を繰返します. 再びフォースセンサが ON になれば ❹ ❺ のブロックで障害物回避の処理が実行されます.

■ 4.1 の Python プログラム

force.py

```
from hub import port
import runloop
import motor_pair
import force_sensor

TURN_ANGLE = 90
POW = 500

motor_pair.pair(motor_pair.PAIR_1, port.C, port.D)

❹async def backward(back_cm): # 後退
    move_angle = int(back_cm*20.57)
    await motor_pair.move_tank_for_degrees(motor_pair.PAIR_1, \
          move_angle, -POW, -POW)
    motor_pair.stop(motor_pair.PAIR_1)

❺async def turn_right(turn_angle): # 右旋回
    await motor_pair.move_tank_for_degrees(motor_pair.PAIR_1, \
          turn_angle, POW, -POW)
    motor_pair.stop(motor_pair.PAIR_1)

async def main():
  ❶while True:
    ❷motor_pair.move_tank(motor_pair.PAIR_1, POW, POW)
    ❸if force_sensor.pressed(port.A):
        ❹await backward(10.0)
        ❺await turn_right(TURN_ANGLE)

runloop.run(main())
```

プログラムの解説[4]

`import force_sensor`[5]は, フォースセンサを使用するためのモジュールをインポートします. フォースセンサの状態を取得するには `force_sensor.pressed` 命令を用います. Python 言語では, 条件に応じて処理を分岐するときには `if` 文を用います. `if` 文による処理は, 条件が満たされたときのみ（フォースセンサが押された）, その後に続く**インデント**された処理を 1 度

3　モータの角度を指定して右旋回の動作を行う際にモータブロックを使用するテクニックの詳細は, 前章のスパイラル軌跡を描く（54 ページ）にあります.

4　import runloop:命令の実行を制御するモジュールのインポート
runloop.run(main()):runloop の run() を使用して main() を実行
関数の前に async, 命令行の前に await を記述することで, 1 つの命令が終了した時点で, 次の命令へと続きます.

5　import force_sensor:フォースセンサ使用のためモジュールのインポート
force_sensor.pressed(ポート)
ポートに繋がったフォースセンサが押されたかどうかを調べる.

だけ実行します．

プログラムでは，❷の（C と D のモータを順方向に回転）処理を，❶ の while True により無限に繰り返すことで常に前進します．❸ の if 文[6]により，フォースセンサが押されたときだけ，❹ の後退と❺ の右旋回を実行します．後退と右旋回は，それぞれ関数 backward( )，関数 turn_right( ) として関数化してあります．❹ では，引数である 10.0 という値が関数 backward( ) の変数 back_cm に代入されます．その後，求めたモータの回転角度を変数 move_angle に代入します．ただし，次の motor_pair.move_tank_for_degrees( ) 命令[7]では，モータの回転角度を**整数**で指定するため，int( ) 命令により，整数に変換します．整数に変換した変数 move_angle の値を motor_pair.move_tank_for_degrees( ) に代入し，指定した角度だけ逆方向に回転します．次に ❺ の右旋回を実行します．モータのパワーと右旋回の角度は，あらかじめプログラムの最初に定義しているので，パワーの変更や右旋回の時間調整は，行頭部分の TURN_ANGLE と POW の数値を変更するとすべての設定値に反映されます．

・比較演算子

if 文の条件に利用する「==」などを**比較演算子**と言います．比較演算子は以下の種類があります．

式 1	==	式 2	式 1（の値）は式 2（の値）に等しいかどうか
式 1	!=	式 2	式 1 は式 2 と異なるかどうか
式 1	<	式 2	式 1 が式 2 より小さいかどうか
式 1	<=	式 2	式 1 が式 2 より小さいかそれに等しいか
式 1	>	式 2	式 1 が式 2 より大きいかどうか
式 1	>=	式 2	式 1 が式 2 より大きいかそれに等しいか

一般的に数学で使われる $a = 1$ という記述は，プログラムの世界では**代入**として処理されてしまうので注意が必要です．

6　if :条件分岐
```
if(条件式)
  条件を満たす場合
例：i が 1 のときに実行する
if i==1 :
    i が 1 のときに実行する内容
```
7　命令が長くなったため \ を使用して 2 行にしてあります．

4.2 距離センサによる障害物回避

SPIKE のセンサの中に距離を計測するセンサ（距離センサ）があります．距離センサは，人間の耳では聞こえない超音波という音を出力して，物体に反射して戻ってくるまでの時間から距離を計測します．距離センサを用いることで，障害物までの距離がわかるので，衝突する前に回避することができます．

ここでは，条件分岐を用いて距離センサの情報から障害物を回避する方法について学びます．

4.2.1 距離センサの接続

距離センサを使用するには，ワイヤーコネクタの一方をラージハブのポート E に接続します．先に組み立てたロボットは，図 4.4 に示すようにポート E に距離センサが接続されています．距離センサを取り付ける際には，自身のロボットのパーツやケーブルを誤って障害物と判定しないように，センサ前方に何もないように気をつけて取り付けてください．

SPIKE の距離センサは，2 つの丸い形状から両目にように見えますが，片方はスピーカーで，もう一方はマイクの役割をしています．スピーカーから，超音波[8]を出力します．この超音波は障害物で反射してロボットへ戻ってきます．戻ってきた音をもう一方のマイクで拾い，その飛行時間から図 4.5 のように障害物までの距離を計測します[9]．

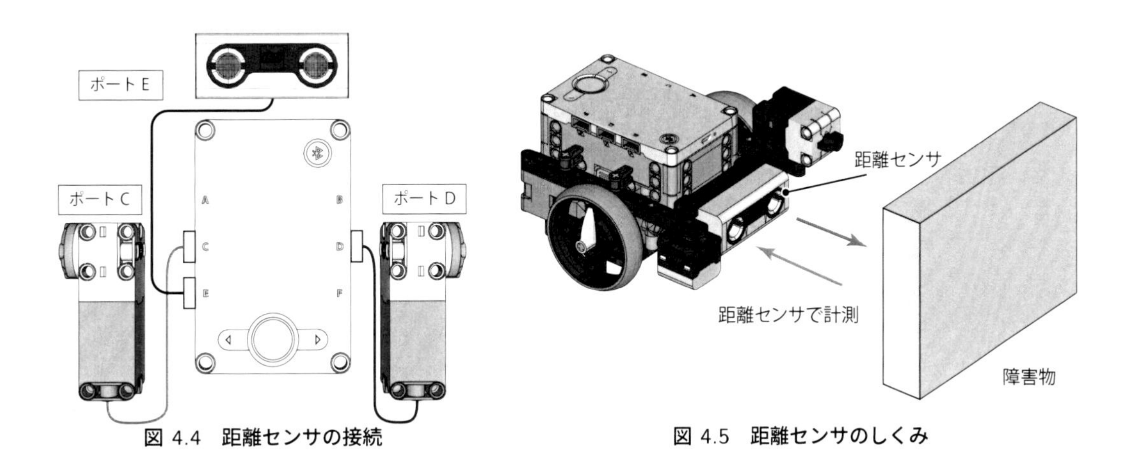

図 4.4 距離センサの接続　　図 4.5 距離センサのしくみ

8　超音波
日本工業規格 (JIS) では正常な聴力を持つ人に聴感覚を生じないほど周波数が高い音波とあります．人間の聞こえる音が 20Hz（ヘルツ）から 20kHz と言われていますので，20kHz 以上の音を超音波とよびます．超音波は様々なところで利用されており，釣り船の魚群探知機や，身近なところでは，自動車のコーナーセンサなどに利用されています．一般的な超音波センサの周波数は 40kHz 程度です．SPIKE セットに付属の距離センサの周波数は残念ながら公開されていません．

9　音（超音波）は，約 340m/s の速度で空中を伝搬します．超音波が物体に反射して戻ってくる距離を L[m] としましょう．例えば，反射波が 0.00176 秒で戻ってきたとすると
$L = 0.00176 * 340$
$L = 0.5984$[m]
つまり約 60cm となります．これは，超音波が障害物まで行き，反射して戻ってくる長さとなるので，障害物との距離はその半分 30cm となります．

4.2.2　距離センサによる障害物回避

距離センサを使用すると，接触する前に障害物を見つけることができます．フォースセンサを用いた場合は，障害物に衝突した後，いったんロボットを後退する必要がありましたが，距離センサを用いた場合は，図 4.6 のように後退する動作は必要ありません．

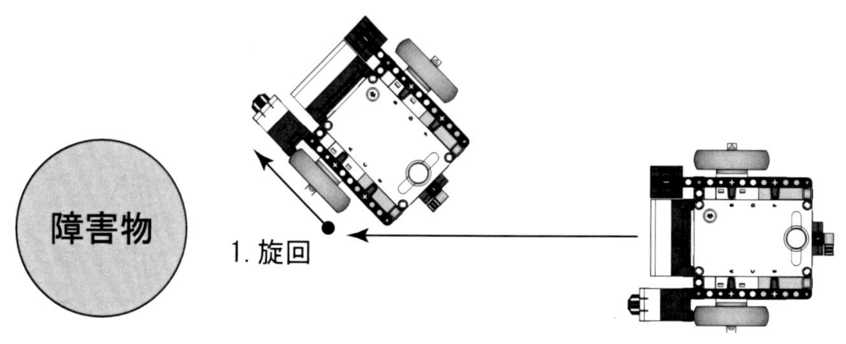

図 4.6　距離センサによる障害物回避

ここでは，ロボットが常に前進し，もし障害物との距離が 30cm より小さくなったとき，進行方向を変えるという動作を考えてみましょう．アルゴリズムの PAD は，図 4.7 のようになります．

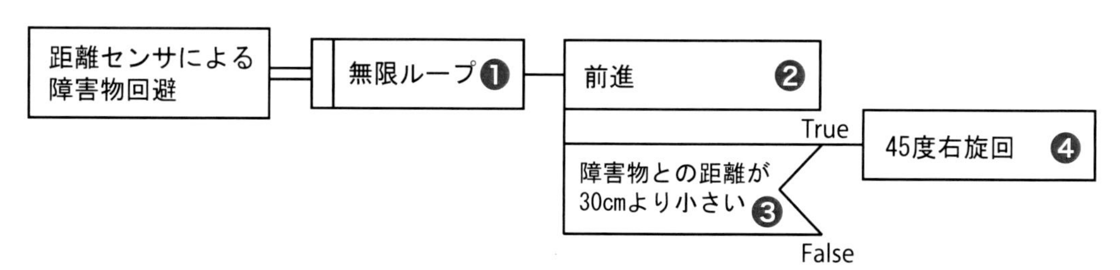

図 4.7　距離センサによる障害物回避の PAD

アルゴリズムの SPIKE-WB と Python のプログラムは次のようになります．

■ 4.2.2 の SPIKE-WB プログラム

usonic.llsp3

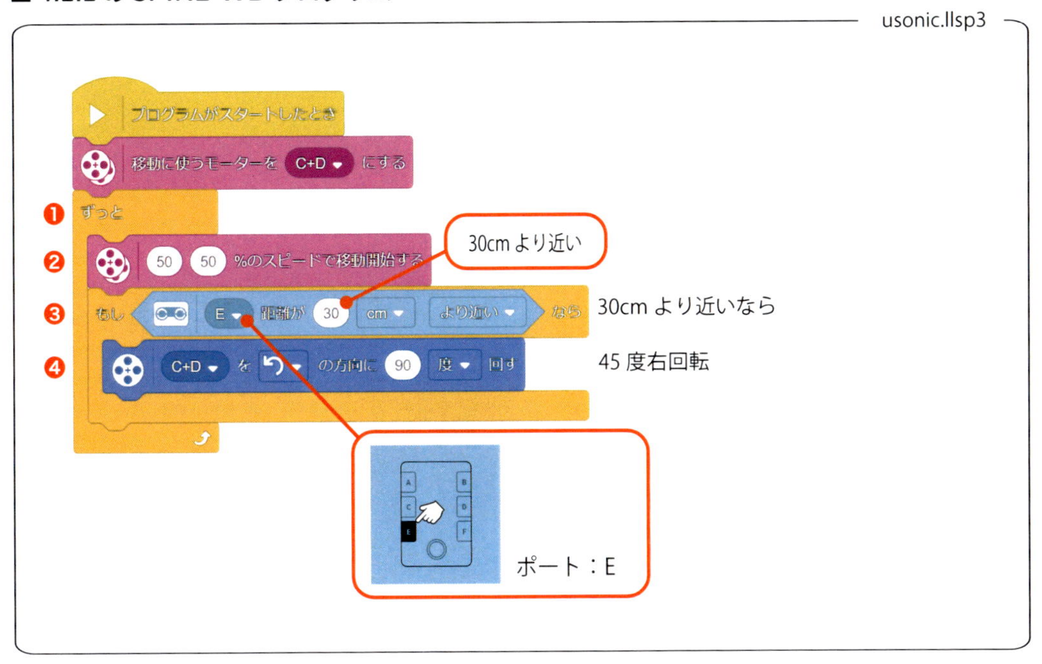

プログラミングブロックの解説

フォースセンサのプログラムでも使用した もし～なら ブロックを距離センサの障害物回避プログラムでも使用します．❸ のフォースセンサのブロックを距離センサ[10]にします．距離センサのポートを E として，距離を「30」と入力，「cm」「より近い」を選択し，30cm 未満と設定します．これにより，障害物との距離が 30cm より小さくなると，条件分岐の中にある処理 ❹ を実行します．その場で 45 度右旋回し，再び ❶ のループにより ❷ の移動ブロックによる前進を繰返し実行します．

10　センサー：距離センサが○ cm より近い

距離センサの読み取り値から条件を設定します．距離センサは“近い”，“遠い”，“ちょうどの”の 3 種類の条件があります．

■ 4.2.2 の Python プログラム

usonic.py

```
from hub import port
import runloop
import motor_pair
import distance_sensor

TURN_ANGLE = 90
POW = 500

motor_pair.pair(motor_pair.PAIR_1, port.C, port.D)

❹ async def turn_right(turn_angle): #右旋回
      await motor_pair.move_tank_for_degrees(motor_pair.PAIR_1,\
            turn_angle, POW, -POW)
      motor_pair.stop(motor_pair.PAIR_1)

async def main():
  ❶ while True:
      ❷ motor_pair.move_tank(motor_pair.PAIR_1, POW, POW)
      ❸ if distance_sensor.distance(port.E)<300 and dist != -1:
          ❹ await turn_right(TURN_ANGLE)

runloop.run(main())
```

プログラムの解説[11]

distance_sensor.distance(port.E)[12]は，距離センサを使用するポート番号を E と指定します．距離センサは，障害物までの距離を [mm] の単位で計測します．距離センサの値は，命令の返り値により取得できます．❸ では，距離センサの読み取り値を if 文により判定します．判定条件は，障害物までの距離が 300mm より小さい時の distance_sensor.distance(port.E)<300 と距離が 2000mm 以上のときのセンサ値 -1 以外として，障害物までの距離が 300mm より小さいと ❹ の右旋回による回避動作を実行します．タッチセンサとは違い，障害物に衝突していないので後退する必要はありません．

11　import distance_sensor:距離センサ使用のためのモジュールのインポート

12　distance_sensor.distance(ポート)
ポートに繋がった距離センサからの距離を調べる．返り値の単位は mm

4.3 モーションセンサによるロボットの旋回

SPIKEでは，ラージハブ本体の内部にモーションセンサ[13,14]が内蔵されています．SPIKEのモーションセンサは3つの軸の回転と加速度を調べることができます．図4.8に示す各軸に対して**ピッチ角**，**ロール角**，**ヨー角**を出力します．たとえば，ヨー角を利用すると，図4.9のようにロボットの旋回角度と角速度を高精度に取得することができます．

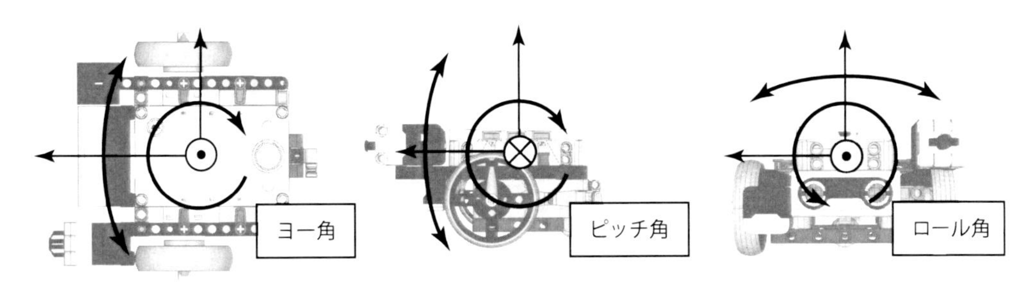

図4.8 内蔵ジャイロの回転方向

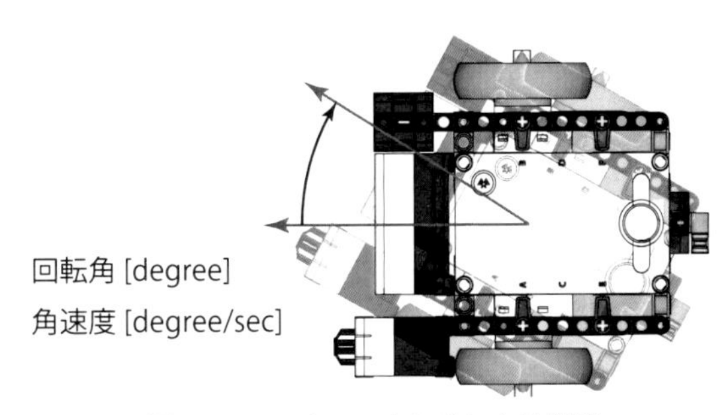

図4.9 モーションセンサによる旋回

モーションセンサの角度が90度になるまで右に旋回するロボットを考えてみましょう．アルゴリズムのPADは，図4.10のようになります．モーションセンサは，相対的な角度変化を出力するセンサのため，使用する前にセンサをリセットする必要があります．リセット後に少しずつ右に旋回しながら角度を取得し，条件となる90度になるまで繰返します．

13　今までのLEGOMindstormsシリーズでは，ジャイロセンサとよばれていましたが，SPIKEからは，モーションセンサという名前になりました．

14　一定間隔で動作する物体に回転力を加えると，物体は元の位置にとどまろうとします．この原理を用いたセンサがジャイロ（モーション）センサです．ハブを水平な場所に置いた状態で電源をいれるとモーションセンサが正常に起動します．

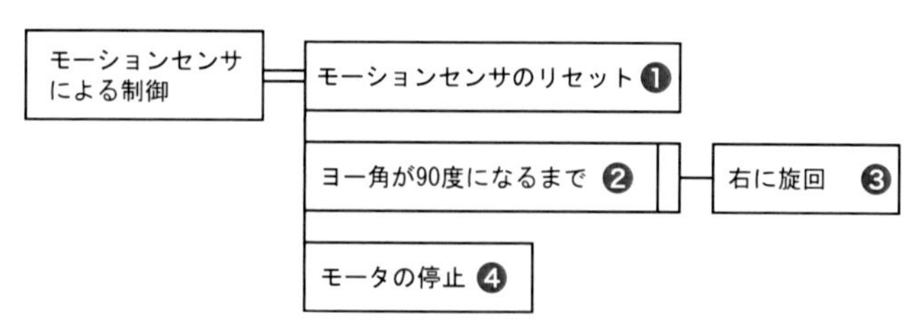

図 4.10　モーションセンサによるロボット旋回の PAD

アルゴリズムの SPIKE-WB と Python のプログラムは次のようになります．

■ 4.3 の SPIKE-WB プログラム

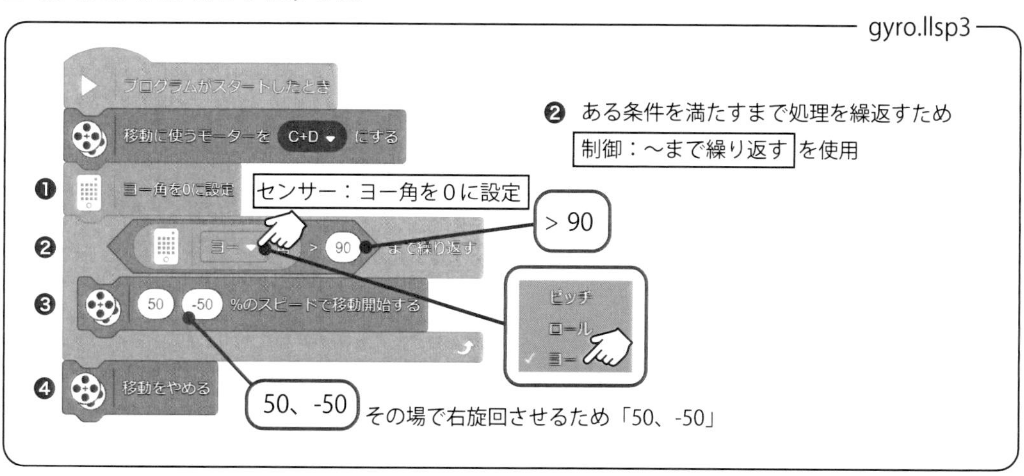

プログラミングブロックの解説

❶ でラージハブのジャイロのヨー角を 0 に設定することによりモーションセンサをリセットします．❷ の～まで繰り返す[15]では，繰返し条件を "ヨー角 >90" とすることで，条件が満たされるまで ❸ の移動ブロックが動作し，90 度以上旋回するとループを抜けて ❺ により停止します．

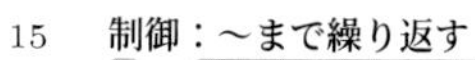
15　制御：～まで繰り返す

センサの状態や条件にが満たされるまで応じて，処理を繰返すときに用います．条件を満たす（真）とまでループ内が実行され，それ以外（偽）はループから出ます．

■ 4.3 の Python プログラム

gyro.py

```
from hub import port
from hub import motion_sensor
import motor_pair
import runloop

POW = 100

async def main():
    motor_pair.pair(motor_pair.PAIR_1, port.C, port.D)
  ❶ motion_sensor.set_yaw_face(motion_sensor.FRONT)
    motion_sensor.reset_yaw(0)

  ❷ while motion_sensor.tilt_angles()[0] > -900:
      ❸ motor_pair.move_tank(motor_pair.PAIR_1, POW, -POW)
  ❹ motor_pair.stop(motor_pair.PAIR_1)

runloop.run(main())
```

プログラムの解説[16]

最初に ❶ では，モーションセンサのヨー角となる面の設定を行います．motion_semsor.FRONT により，ライトマトリクスのある面を上面とします．

次に motion_sensor.reset_yaw(0) により，ヨー角のリセットを行います．❷ は，motion_sensor.tilt_angles()[0] で得られたヨー角が -900 よりも小さい時は while 内のループを繰返します．これにより，ロボットのジャイロセンサが -90 度になるまで ❷ により，右旋回します．ロボットが -90 度よりも旋回した場合，❹ を実行してロボットを停止します．

16　from hub import motion_sensor:モーションセンサ使用のためのモジュールのインポート

モーションセンサの角度の向き（プラス方向とマイナス方向）

モーションセンサは，ラージハブの起動時にヨー角，ピッチ角，ロール角それぞれ初期化されます．モーションセンサは，3 軸それぞれの回転角度によって，プラス〜マイナスの値となります．

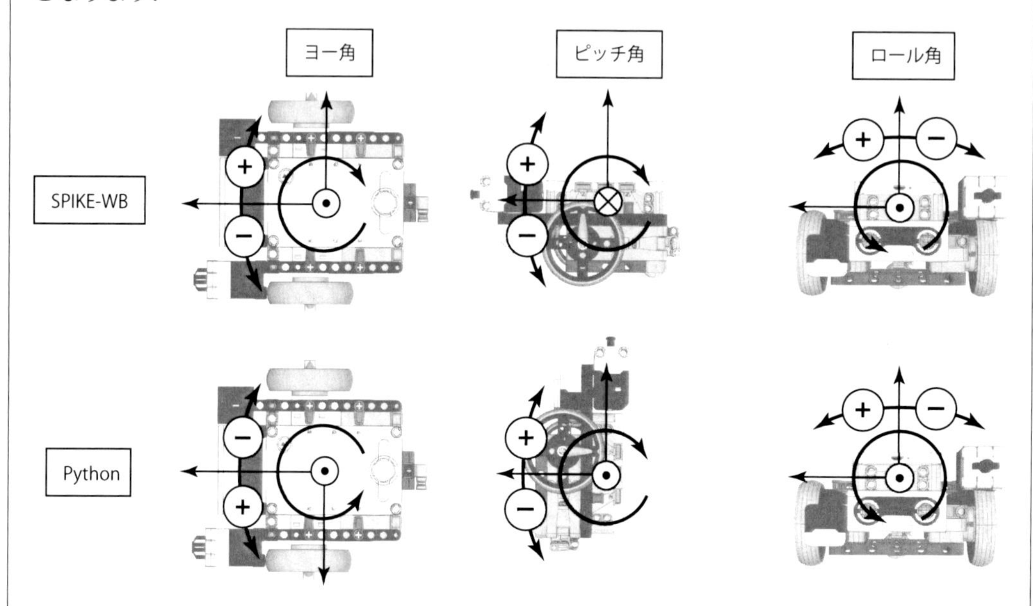

SPIKE-WB と Python プログラムでは，軸の方向が異なるため，プラスとマイナスの方向に注意が必要となります．

■■　演習課題 4(1)　■■

- **基本問題**

4-1. 障害物回避をする際に音が鳴るロボットをつくってみましょう．

4-2. 距離センサを用いて，壁から 30cm より近くなると音が鳴って停止するロボットをつくってみましょう．

4-3. 障害物回避をする際にモーションセンサを使って 45 度旋回するロボットをつくってみましょう．

- **応用問題**

4-4. 距離センサを使用して，距離によって音の高さが変わるロボットをつくってみましょう．

4.4 カラーセンサによるライントレース

SPIKE のカラーセンサは，図 4.11 のように反射光の計測と周辺光の計測の 2 種類の使い方があります．カラーセンサは，白色 LED と赤 (Red)・緑 (Green)・青 (Blue) の光の強さを検知する IC が内蔵されています．

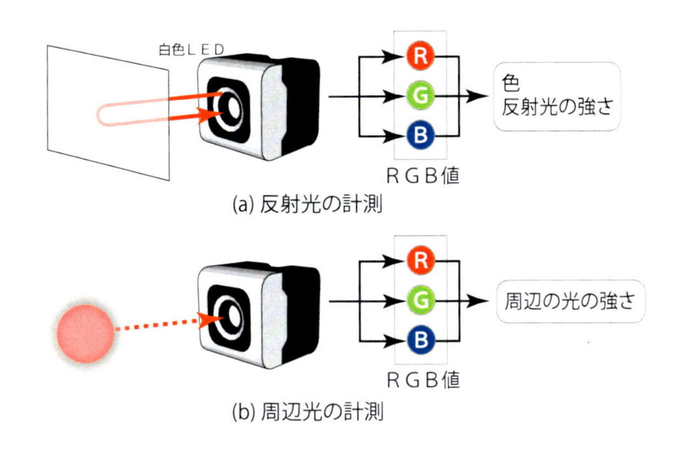

図 4.11　カラーセンサのしくみ

反射光の強さを計測するモードでは，白色 LED からの光が対象物に反射する光の強さを読み取ります．白色 LED は，すべての色成分を持っており，図 4.12 のようにそれぞれの反射する RGB 値を計測して，その組み合わせから対象物の色を判定します．周辺光を計測するモードでは，光源の明るさを読み取ります．色の判定は，読み取った RGB 値の組み合わせにより，加法混色の原理から 10 色のいずれかを判断します（図 4.13）．たとえば，図 4.12 のように R と G の反射量は大きく，B は小さいとき，ブロックの色は黄色であることがわかります．

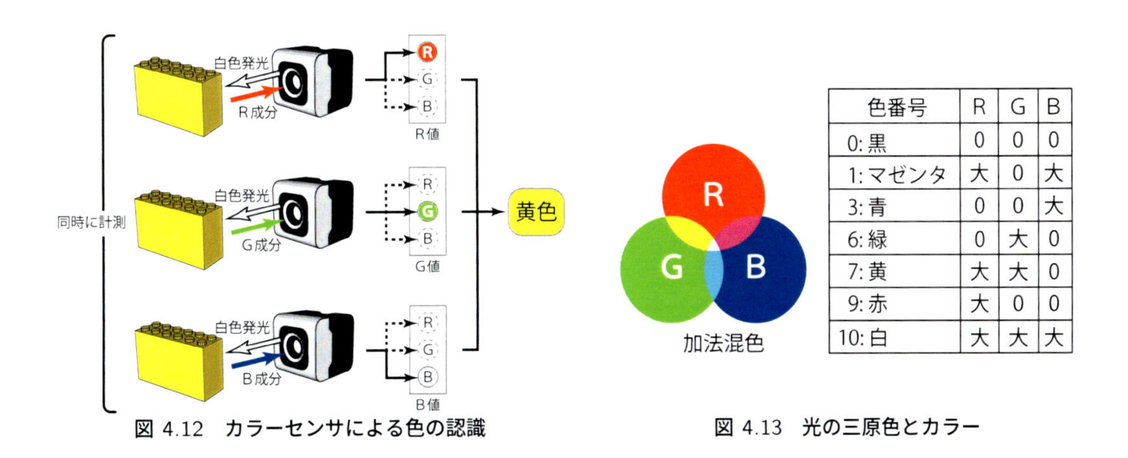

色番号	R	G	B
0: 黒	0	0	0
1: マゼンタ	大	0	大
3: 青	0	0	大
6: 緑	0	大	0
7: 黄	大	大	0
9: 赤	大	0	0
10: 白	大	大	大

図 4.12　カラーセンサによる色の認識

図 4.13　光の三原色とカラー

4.4.1　カラーセンサの接続

カラーセンサを使用するには，図 4.14 のようにワイヤーコネクタの一方をカラーセンサに接続し，もう一方をラージハブのポート B に接続します．先に組み立てたドライビングベースロボットは，床面の色を認識するため，図 4.15 に示すようにカラーセンサを下向きに設置しています．

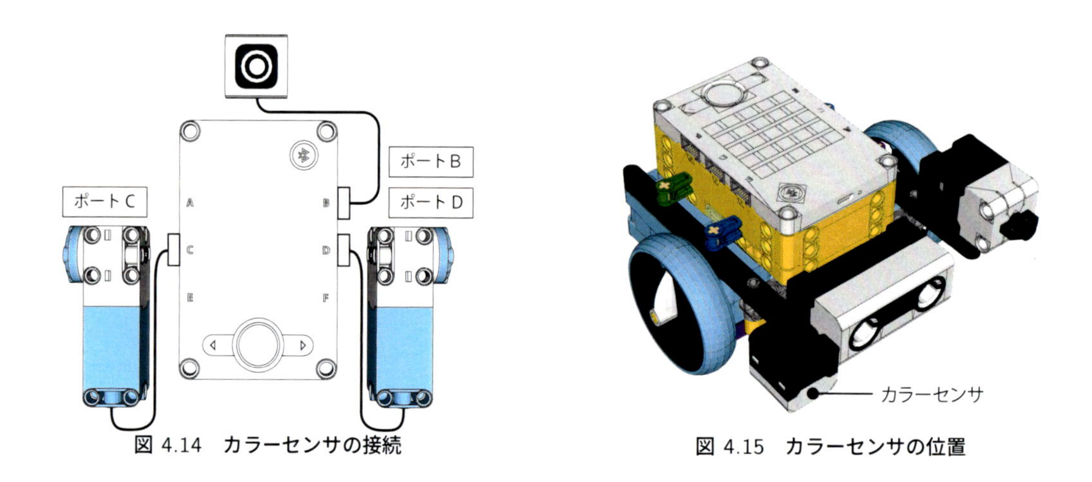

図 4.14　カラーセンサの接続

図 4.15　カラーセンサの位置

4.4.2　カラーセンサによる色の認識

図 4.16 のようにカラーセンサが床の色を認識し，ラージハブのセンターボタンライトを認識した色に点灯するプログラムを考えます．アルゴリズムの PAD は，図 4.17 のようになります．

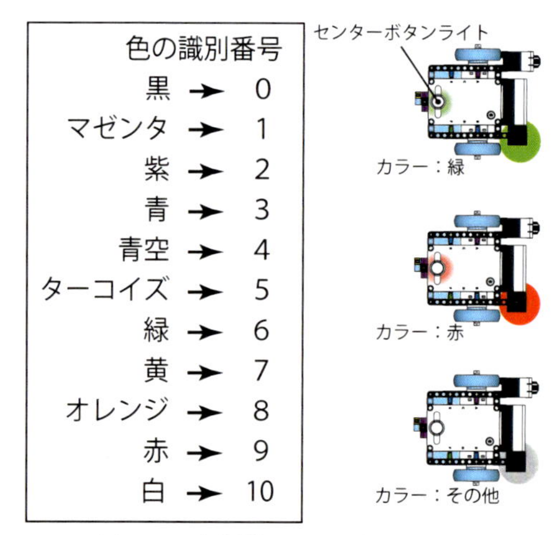

図 4.16　色認識とステータスライト

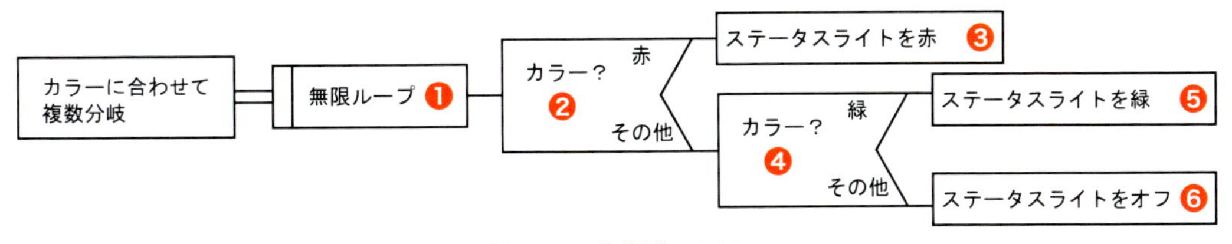

図 4.17　色認識の PAD

アルゴリズムの SPIKE-WB と Python のプログラムは，次のようになります．

■ 4.4.2 の SPIKE-WB プログラム

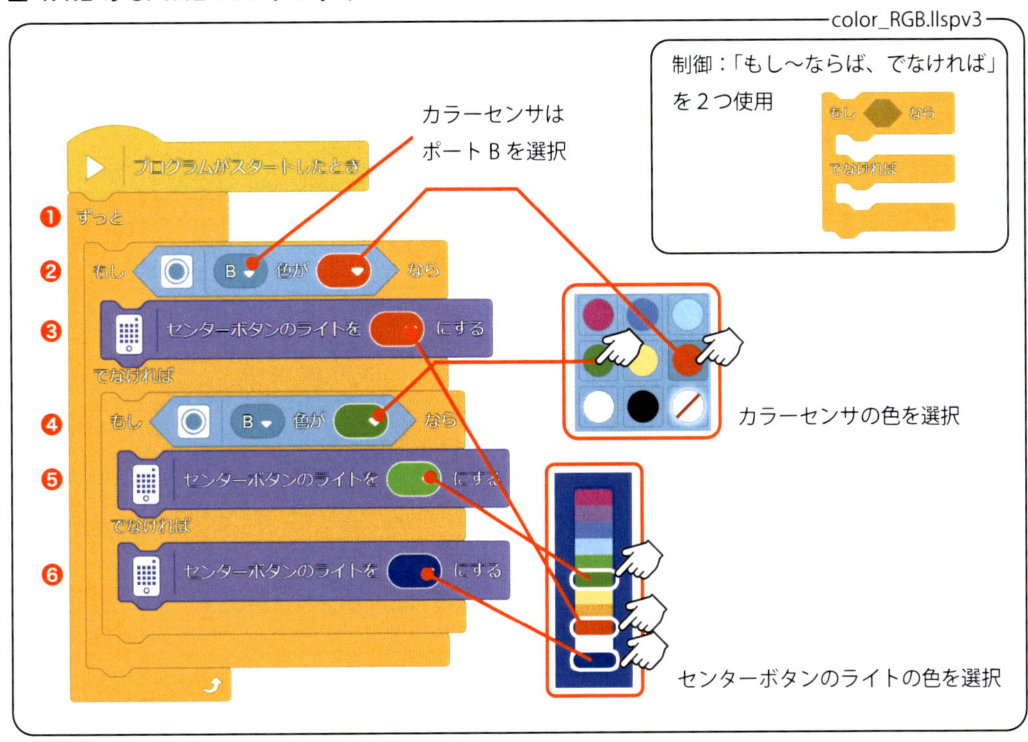

プログラミングブロックの解説

カラーセンサで色を読み取り，色に対応したセンターボタンのライトを点灯します．図 4.17 の ❷，❹ のように条件分岐を 2 つ使用してプログラムを作成します．もし〜なら，でなければを[17] ❷ のでなければ以下に ❹ を配置します．❷ のもし〜ならばの

17　制御：もし〜なら，でなければ

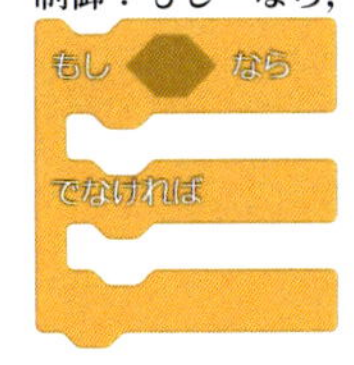

センサの状態や条件に応じて，処理を分岐するときに用います．条件を満たす（真）と上段のループ内が実行され，それ以外（偽）は下段のループ内が実行されます．

部分に カラーセンサの色が〜 [18]を入れ，色は“赤”を選択します．また，カラーセンサの接続ポートは“B”とします．❷ の条件を満たす場合，センターボタンを赤色に点灯させるため，❸ のように，センターボタンのライトを〜にする [19]を置き，色を“赤”にします．同様に，❹ にも カラーセンサの色が〜なら を入れ，色は“緑”にします．そして，❺ は“緑”にします．カラーセンサの読み取りが，赤色でもなく緑色でもない場合は，❻ のように一番下を選択します．これらが，❶ の無限ループにより，無限に繰り返されるプログラムとなっています．

■ 4.4.2 の Python プログラム

color_RGB.py

```
from hub import port
from hub import light
import color_sensor
import color

❶ while True:
❷     if color_sensor.color(port.B) is color.RED:
❸         light.color(light.POWER, color.RED)
    elif color_sensor.color(port.B) is color.GREEN:
❹         light.color(light.POWER, color.GREEN)
    else:
❺         light.color(light.POWER, color.BLACK)
```

プログラムの解説

❶ は while True の無限ループとなっており，❷ の条件分岐[20]を繰返します．❷ では，color_sensor.color(port.B)[21]により，ポート B に接続されたカラーセンサで色を取得します．判断は❸，❹，❺ の順に行われます．❸ では，ポート B から取得した色が赤であれば，light.color(light.POWER, color.RED)[22]により，ステータスライトを赤色に点灯します．

18　センサー：カラーセンサの色が〜
　A　色が　カラーセンサの読み取り値から条件を設定します．色は 9 色から選択します．

19　ライト：センターボタンのライトを〜にする
　センターボタンのライトを　にする　ラージハブのセンターボタンのまわりにはライトが内蔵されており，プルダウンメニューから発光色を選択することで変更できます．

20　if( )，elif，else:条件によって実行内容を分岐する．分岐の中は

```
if 値:
    実行内容
    elif 値:
    実行内容
    else:
    実行内容
```
となる

21　color_sensor.color( ):カラーセンサの値を読み取る．
color_sensor.color(ポート)

22　light.color( ):ステータスライトの点灯
light.color(ボタン，色)
ボタンは light.POWER:電源ボタン，light.CONNECT:Bluetooth ボタンがある．

同様に，❹ では，緑色に点灯させ，赤色と緑色以外では，❺ の黒色，つまり消灯するプログラムとなります．

4.4.3 カラーセンサによるライントレース

カラーセンサを用いたライントレースのプログラムを考えます．ライントレースを行うには，カラーセンサを反射光の強さを調べるモードで使用します．カラーセンサの LED から光を出し，反射光の強さから白と黒の境目を調べます．黒いところでは値は小さくなり，逆に白いところでは値は大きくなります．これを利用して，黒いラインをトレース（追跡）するロボットを実現してみましょう．

カラーセンサを用いてライントレースするアルゴリズムは，図 4.18 のように白いところではロボットを右に旋回させ，黒いところではロボットを左に旋回させます．この動作を繰り返すことでロボットは右，左，右……とジグザグ走行をしながら黒いラインを追跡します．このアルゴリズムの PAD は，図 4.19 のようになります．

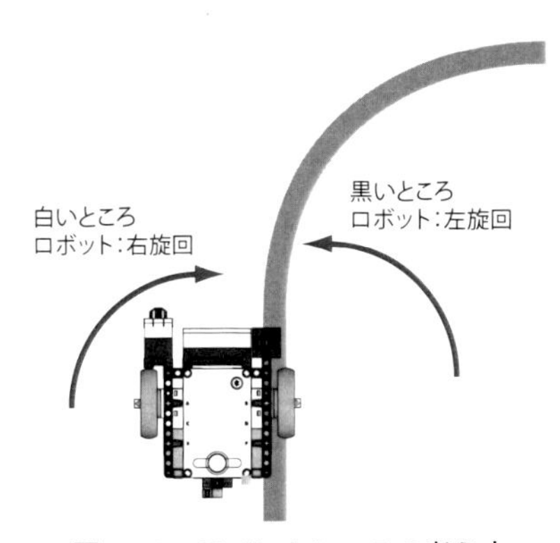

図 4.18　ライントレースの考え方

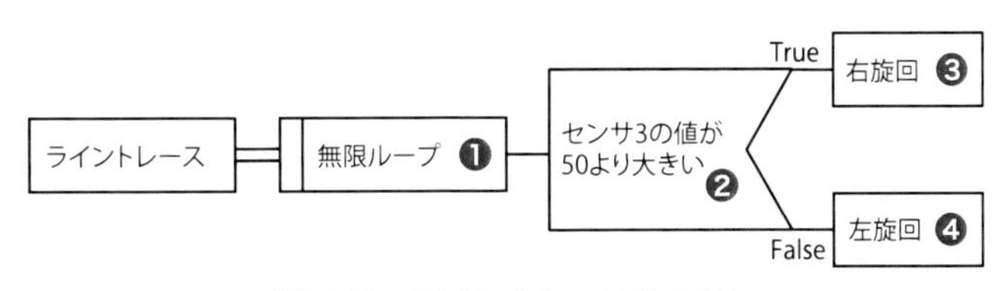

図 4.19　ライントレースの PAD

アルゴリズムの SPIKE-WB と Python のプログラムは，次のようになります．

■ 4.4.3 の SPIKE-WB プログラム

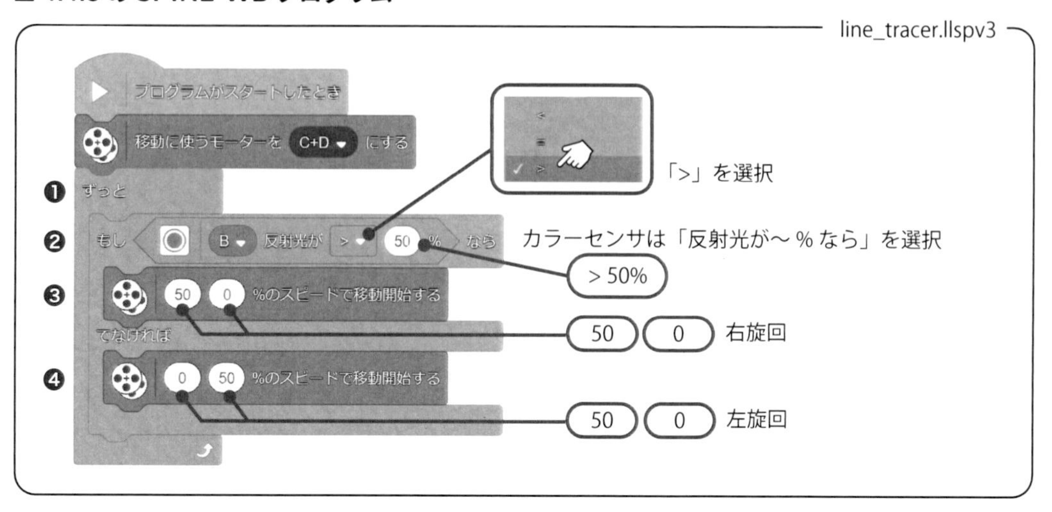

プログラミングブロックの解説

床の明るさをカラーセンサで読み取り，床が白いところと黒いところで処理を分岐します．カラーセンサはポート B に接続します．❷ のもし～なら，でなければ～ブロックの処理条件は，カラーセンサーの反射光が～[23]を挿入します．これにより，カラーセンサは，LED を発光してその反射量を読み取ります．カラーセンサの値が設定した値，50% より大きい場合は，白いところと判断し，❸ の右旋回を実行します．また，50% 以下であれば黒いライン上と判断し，❹ の左旋回を実行します．この動作を ❶ の無限ループで繰り返すことにより，ロボットはジグザグ走行によるライントレースを実現します．ライントレースにおける ❸ と ❹ の旋回は，図 3.4(b) の一方のモータを停止し，もう一方のモータを順方向に回転する方法を用います．これは，少しずつ右旋回や左旋回しながら前に進むようにするためです．

23　センサー：カラーセンサーの反射光が～

LED からの反射光の強さを読み取ります．読み取った値と比較して"小さい"，"等しい"，"小さい"の 3 種類の条件があります．

■ 4.4.3 の Python プログラム

line_tracer.py

```
from hub import port
import motor_pair
import color_sensor
import runloop

POW = 500

motor_pair.pair(motor_pair.PAIR_1, port.C, port.D)

async def main():
 ❶ while True:
     ❷ if color_sensor.reflection(port.B) > 50:
         ❸ motor_pair.move_tank(motor_pair.PAIR_1, POW, 0)
        else:
         ❹ motor_pair.move_tank(motor_pair.PAIR_1, 0, POW)

runloop.run(main())
```

プログラムの解説[24]

カラーセンサの白色 LED を発光して，その反射を color_sensor.reflection( ) 命令により読み取ります．ロボットのカラーセンサの値が黒いライン上では，カラーセンサの値は小さく，逆に明るいところでは大きくなります．これを利用して，❷ の if 文により，センサの値が 50 より大きくなると白いところにいると判断し，❸ の右旋回を実行してラインに戻るようにします．センサ値が 50 以下のときは，黒いライン上と判断し，else で指定した ❹ の左旋回を実行します．これらの処理を ❶ の無限ループにより繰返し実行して，ライントレースを実現します．

4.4.4 ライントレースアルゴリズムの改良

4.4.3 項のアルゴリズムでは，図 4.20 に示すように進行方向に対して黒ライン上の左側の境界をジグザク走行します．このアルゴリズムでは，同じ進行方向に対して，右側の境界を用いてジグザグ走行することはできません．また，ジグザグ走行ではロボットの進むスピードが遅いという問題があります．そこで，もっと早くライントレースするアルゴリズムを考えてみましょう．ロボットに柔軟な動きをさせるには，より良いアルゴリズムが必要となります．

24　color_sensor.reflection( ):反射光の強さを読み取る
　　color_sensor.reflection(ポート番号)

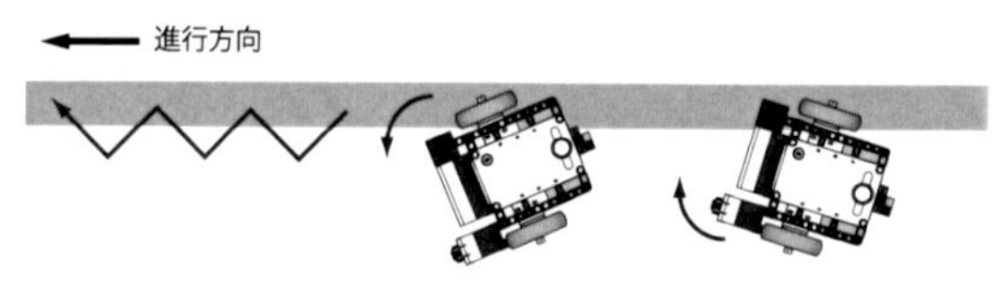

図 4.20　ライントレース

ライントレースのコースによっては，右カーブと左カーブの曲がり具合が異なることがあります．この場合，ジグザグ走行の右旋回と左旋回でパワーを変えてみるとよいかもしれません．他の改良としては，図 4.21 のように，カラーセンサが黒いライン上にあるときは前進し，白（黒いラインから外れた）となったら，黒いラインが見つかるまで，その場で左右に旋回させてみてはどうでしょうか？ いろいろなアルゴリズムを考えて，いかに早くライントレースができるかを試してみましょう[25]．

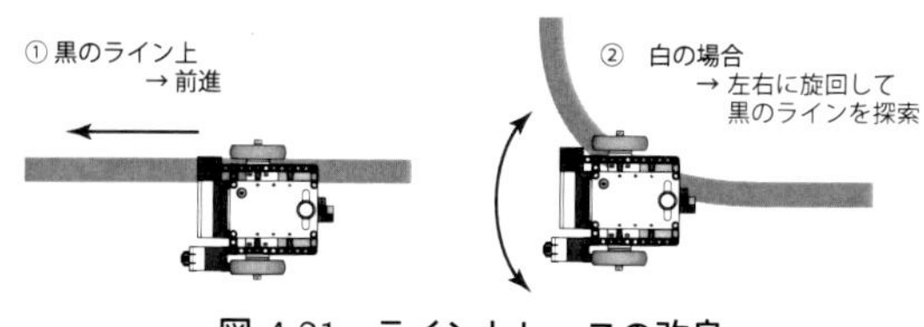

図 4.21　ライントレースの改良

■■　演習課題 4(2)　■■

- **基本問題**

4-5. SPIKE App（81 ページのコラム 5）を使用して，白から黒のカラーセンサの値を調べてみましょう．

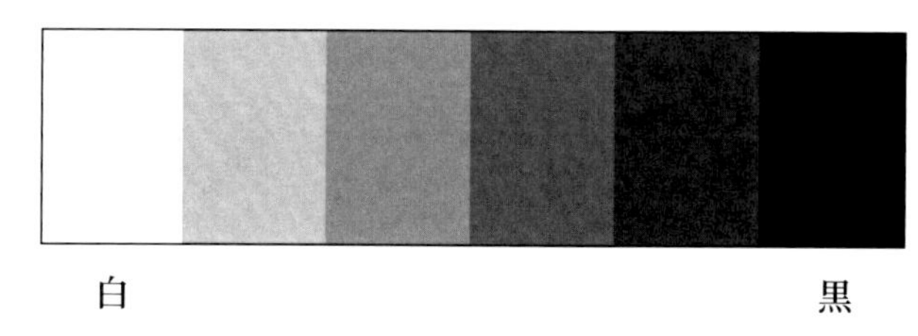

4-6. タッチセンサを押したらライントレースをはじめるロボットを作ってみましょう．

- **応用問題**

4-7. 4.4.4 項で紹介したカラーセンサが，黒のライン上では直進，ラインから外れたときにラインを探索するロボットを作ってみましょう．

25　カラーセンサを 2 個使用してライントレースを改良することも可能です．

コラム 5：ラージハブの状態を知ろう

ラージハブに接続したセンサ値を，SPIKE App 画面上から確認できます．PC とラージハブが Bluetooth や USB ケーブルで繋がれた状態の時，センサやモータの値が画面上に表示されます．また，接続アイコンをクリックすると，センサの読み取り設定など，さらに詳細な値を確認することができます．

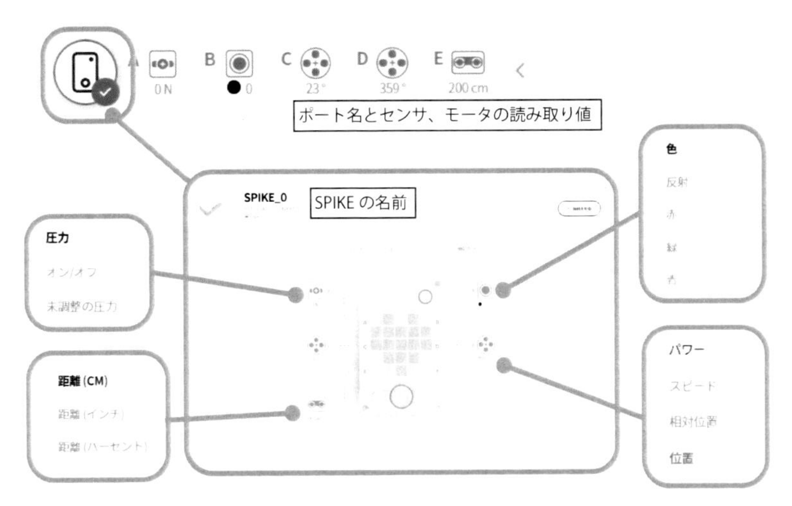

センサの接続状態と読み取り値

画面右下のプログラム転送・実行ボタンでは，プログラムの転送，実行，停止などができます．ラージハブには，0〜19 まで 20 個のプログラムを保存することができます．

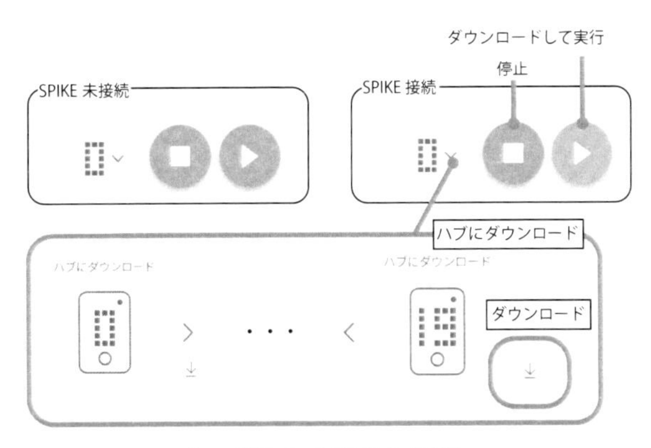

プログラムの転送と実行

第5章

LEGOロボットの高度な制御（応用編）

前章までは，ロボットを操る基本としてモータ制御やセンサの使い方について学びました．ここからは，デバッグに便利なライトマトリクス表示や配列、List を用いたロボットの教示について説明します．また，ロボットプログラミングでは欠かせない並列タスクと PID 制御の実現方法について学びます．

この章のポイント

→ ライトマトリクス表示
→ List
→ 並列タスク
→ PID 制御

5.1　ライトマトリクス表示

ラージハブには，図 5.1 のように 5 × 5 のライトマトリクス[1]が付いています．このライトマトリクスには，数字やアルファベット，図形などが表示されます．

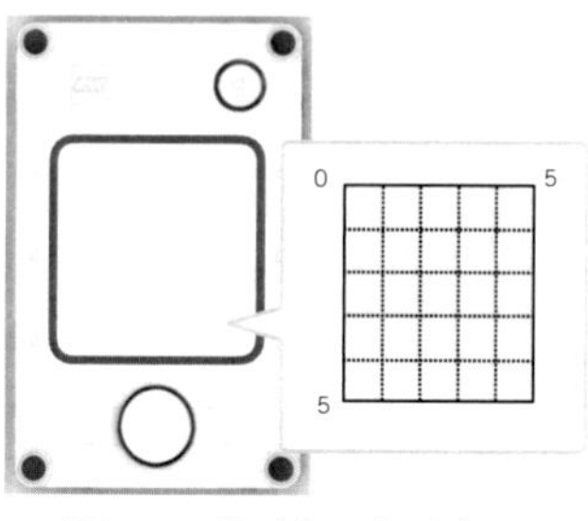

図 5.1　ライトマトリクス

5.1.1　ライトマトリクスによるアルファベットの表示

ライトマトリクスに任意のアルファベットを表示してみましょう[2]．ライトマトリクスに任意のアルファベットを表示するアルゴリズムの PAD は，図 5.2 のようになります．

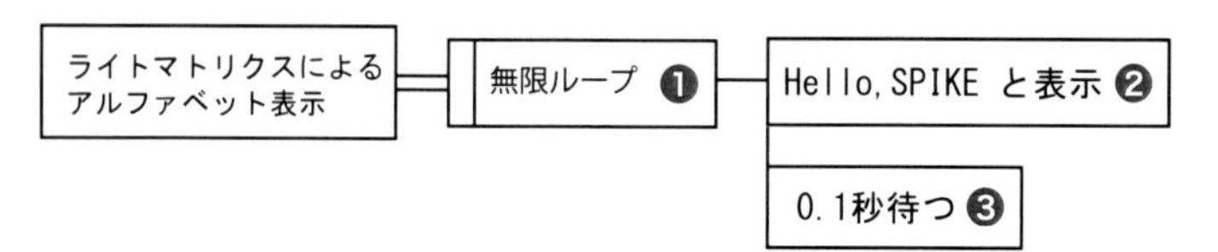

図 5.2　ライトマトリクスにアルファベットを表示する PAD

1　ライトマトリクスは，カラー LED が使用されています．あらかじめ内蔵している図形やアルファベット文字列，任意の図形を表示することが可能です．アルファベット文字列表示では，1 文字ずつ，右から左にスクロールしながら表示します．ただし，表示する文字が 1 文字の時はスクロールしません．

2　ライトマトリクス表示に日本語は対応していません．

アルゴリズムの SPIKE-WB と Python のプログラムは次のようになります.

■ 5.1.1 の SPIKE-WB プログラム

プログラミングブロックの解説

ラージハブのライトマトリクスにアルファベットを表示します. ❷ の ~を表示する [3] に「Hello, SPIKE」と入力します. 文字列を表示した後, ❸ により, 0.1 秒待ちます. これを, ❶ の無限ループで繰返し表示します.

■ 5.1.1 の Python プログラム

Display_Text.py

```
from hub import light_matrix
import runloop
import time

async def main():
    light_matrix.clear()
  ❶ while True:
      ❷ await light_matrix.write("Hello, SPIKE",100,500)
      ❸ time.sleep_ms(100)

runloop.run(main())
```

プログラムの解説 [4]

初期設定としてライトマトリクスを light_matrix.clear( ) 命令 [5] により, 消灯します. ❷ の light_matrix.write("Hello, SPIKE",100,500) [6] は, Hello, SPIKE という文字列をライトマトリクスに表示します. ❸ 命令により, 0.1 秒待ちます. これを ❶ の無限ループで繰返します.

---

3 ライト：~を表示する

ライトマトリクスに任意のアルファベット (文字列) を表示します.

4 import light_matrix:ライトマトリクス使用のためのモジュールのインポート

5 light_matrix.clear( ):ライトマトリクスのすべてのピクセルを消灯する.

6 light_matrix.write("文字列", 明るさ, 表示時間)
指定した文字列をライトマトリクスに表示する.

5.1.2　ライトマトリクスによるデバッグ

ライトマトリクスはプログラムにより，任意のライトを点灯できます．ここでは，距離センサの値によって，図 5.3 のようにライトマトリクスを変化してみましょう．プログラムを実行中のロボットの状態（今回は距離センサの値）をライトマトリクスに表示することで，実際にロボットが正しい距離を認識しているかを確認することができます．このように，ロボットの持つデータを確認することは，プログラム開発におけるデバッグに大変重要です．

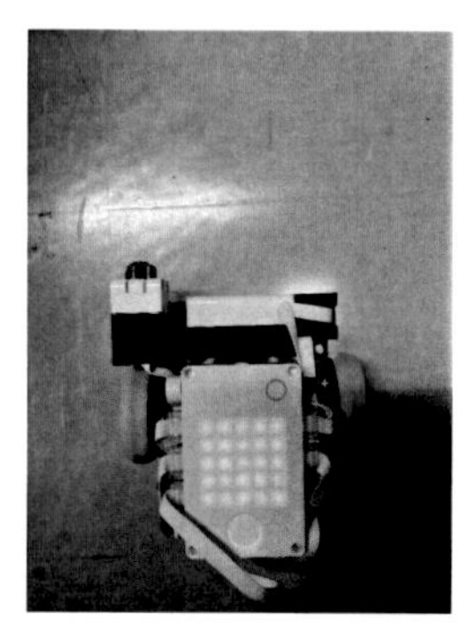
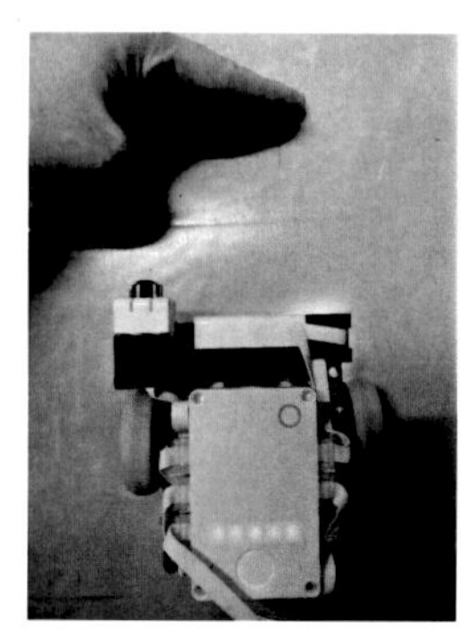

図 5.3　ライトマトリクス表示の変化

距離センサの読み取り値をライトマトリクスに表示するアルゴリズムの PAD は，図 5.4 のようになります．

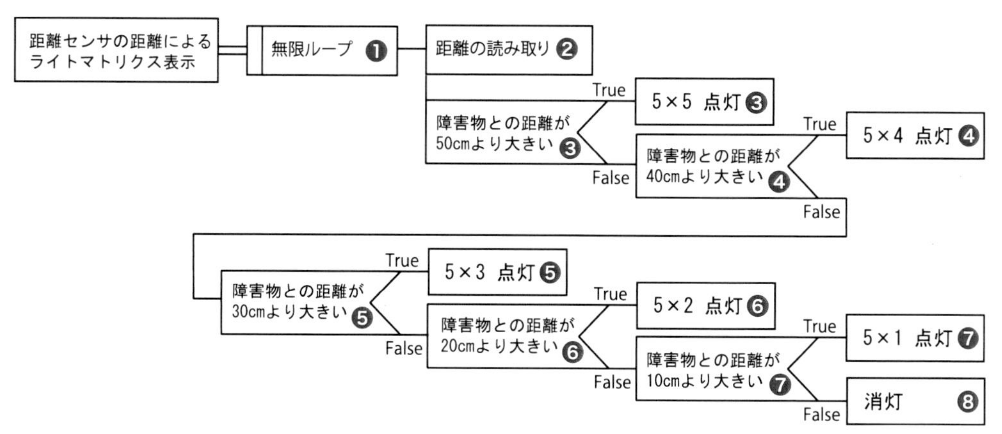

図 5.4　距離センサの値によってライトマトリクス表示が変化する PAD

アルゴリズムの SPIKE-WB と Python のプログラムは次のようになります.

■ 5.1.2 の SPIKE-WB プログラム

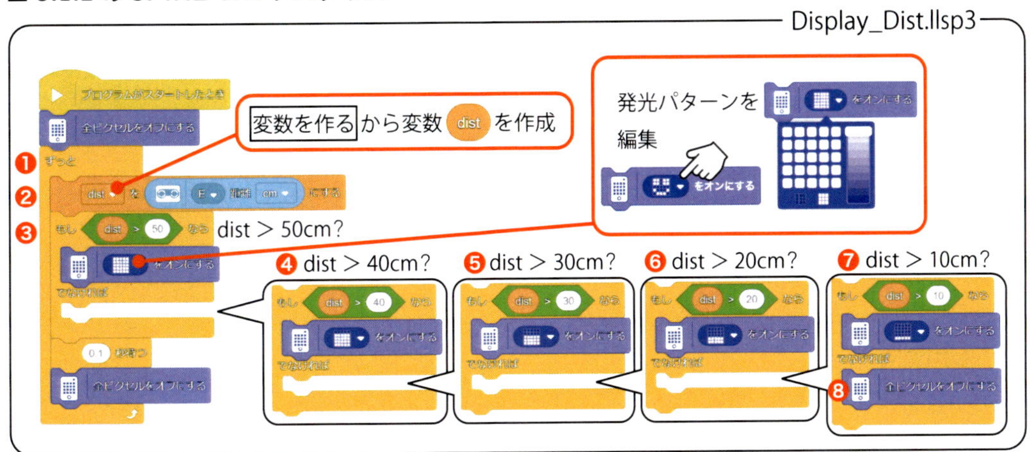

プログラミングブロックの解説

距離センサからの読み取り値を入れておく変数「dist」を変数の変数を作るから作成します. ❷ で距離センサの読み取り値を変数 dist 内に代入します. ❸〜❺ で dist 内の値によって表示を変えます. 距離センサの値が 50cm よりも大きいときはライトマトリクスの発光をすべてオンにします[7]. ❹ は 40cm より大きいときはライトマトリクスを 4 列発光, ❺ は 30cm より大きいときはライトマトリクスを 3 列発光と❼ の 10cm より大きいときまでライトマトリクスの発光を設定します. 10cm 以下のときは点灯させないため, ❽ の全ピクセルをオフにする[8]とします.

7　ライト：○をオンにする

ライトマトリクスの任意の場所を明るくします.

8　ライト：全ピクセルをオフにする

全ライトマトリクスをオフにします.

■ 5.1.2 の Python プログラム

Display_Dist.py

```
from hub import port
from hub import light_matrix
import runloop
import distance_sensor
import time

async def main():
    light_matrix.clear()
❶  while True:
      ❷ dist = distance_sensor.distance(port.E)
      ❸ if dist > 500:
            pixels = [100] * 25
      ❹ elif dist > 400:
            pixels1 = [0] * 5
            pixels2 = [100] * 20
            pixels = pixels1 + pixels2
      ❺ elif dist > 300:
            pixels1 = [0] * 10
            pixels2 = [100] * 15
            pixels = pixels1 + pixels2
      ❻ elif dist > 200:
            pixels1 = [0] * 15
            pixels2 = [100] * 10
            pixels = pixels1 + pixels2
      ❼ elif dist > 100:
            pixels1 = [0] * 20
            pixels2 = [100] * 5
            pixels = pixels1 + pixels2
      ❽ else:
            pixels = [0] * 25
        light_matrix.show(pixels)
        time.sleep_ms(100)

runloop.run(main())
```

プログラムの解説

ライトマトリクスと距離センサを使用するため import light_matrix や import distance_sensor とモジュールのインポートを行います．❷ により，変数 dist に距離センサの読み取り値を代入します．❸～❼ では if～ elif～文により，距離センサの読み取り値で条件分岐します．条件分岐の中では，ライトマトリクスの表示パターンを設定します．ライトマトリクスは，図 5.1 のように 5 × 5 の LED で構成されます．ライトマトリクスを点灯する場合は，明るさを 100 とします．また，消灯する場合は明るさを 0 とします．pixels1 は消灯する場所，pixels2 は点灯する場所を List 化します．例えば，❸ の場合，すべて点灯のため，25 個のライトマトリクスのすべてに 100 を代入します．❹ の場合は，上部 1 列 (5 個) は消灯の 0 を pixels1 に代入し，残りの 4 列 (20 個) は点灯の 100 を pixels2 に代入した後，合体させて pixels とします．❽ の場合は，すべて消灯のため，pixels に 25 個の 0 を代入します．そして

light_matrix.show( ) 命令により，ライトマトリクスが点灯し，time.sleep_ms(100) により，100ms 保持します．これを ❶ により，無限に繰返します．

5.2 List を利用したロボットの教示と再生

ある動作パターンをロボットに記録させ（教示），再生するロボットをつくってみましょう．

動作パターン等の複数のデータを記録するには，**List** を使用します．表 5.1 のように，ラージハブの傾きに応じて，1 番目,2 番目,. . . ,i 番目と動作順に対応した値をフォースセンサが押されたら ListList_speed_L[i] と List_speed_R[i] に値を代入して記録します．ここでは，記録は 4 回として，ピッチ角とロール角を使用します．記録した動作パターンの再生は，配列の各要素の値を呼び出し，対応する動作を実行します．今回のプログラムでは，4 回分の動作を記録したあと，記録した順に動作を再生します．図 5.5 のように，モータはポート C とポート D，フォースセンサはポート A に接続します．

表 5.1　List を用いた動作の記録

回数	傾き方向	ロボット	動作	ポート C モータ	ポート D モータ
1	ピッチ プラス		前進	List_speed_L[0]=500	List_speed_R[0]=500
2	ピッチ マイナス		後退	List_speed_L[1]=-500	List_speed_R[1]=-500
3	ロール プラス		右旋回	List_speed_L[2]=500	List_speed_R[2]=0
4	ロール マイナス		左旋回	List_speed_L[3]=0	List_speed_R[3]=500
⋮	⋮	⋮	⋮	⋮	⋮
i+1	水平（傾き 0）		停止	List_speed_L[i]=0	List_speed_R[i]=0

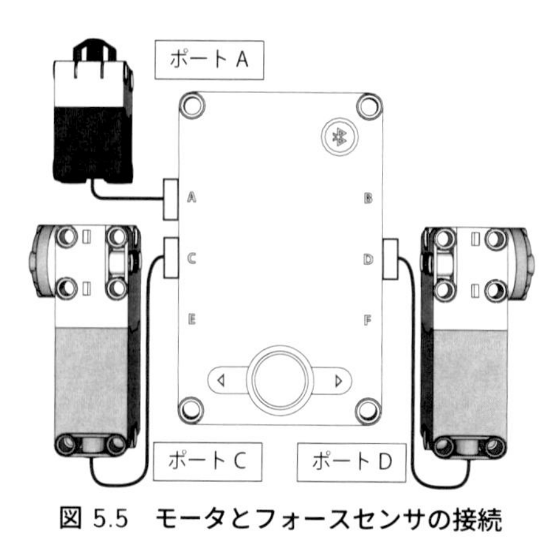

図 5.5　モータとフォースセンサの接続

List を用いた教示と再生のアルゴリズムの PAD は，図 5.6 と図 5.7 のようになります．

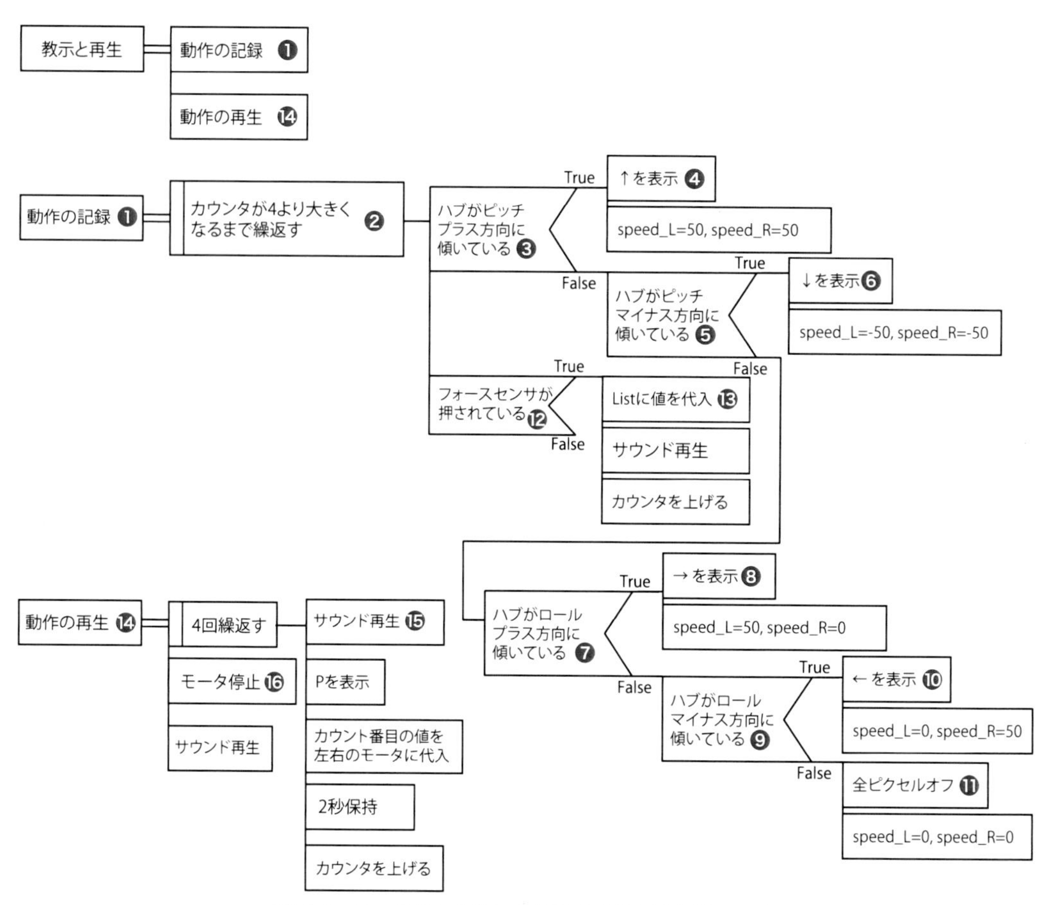

図 5.6　List を用いた教示と再生の PAD(SPIKE-WB)

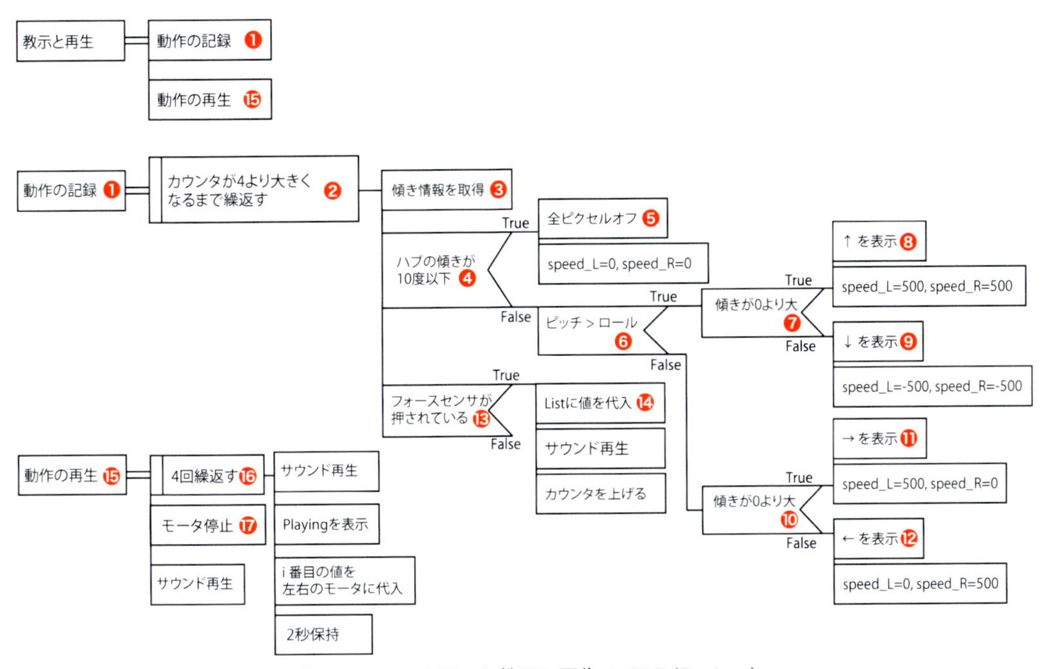

図 5.7 List を用いた教示と再生の PAD(Python)

アルゴリズムの SPIKE-WB と Python のプログラムは次のようになります．

■ 5.2 の SPIKE-WB プログラム

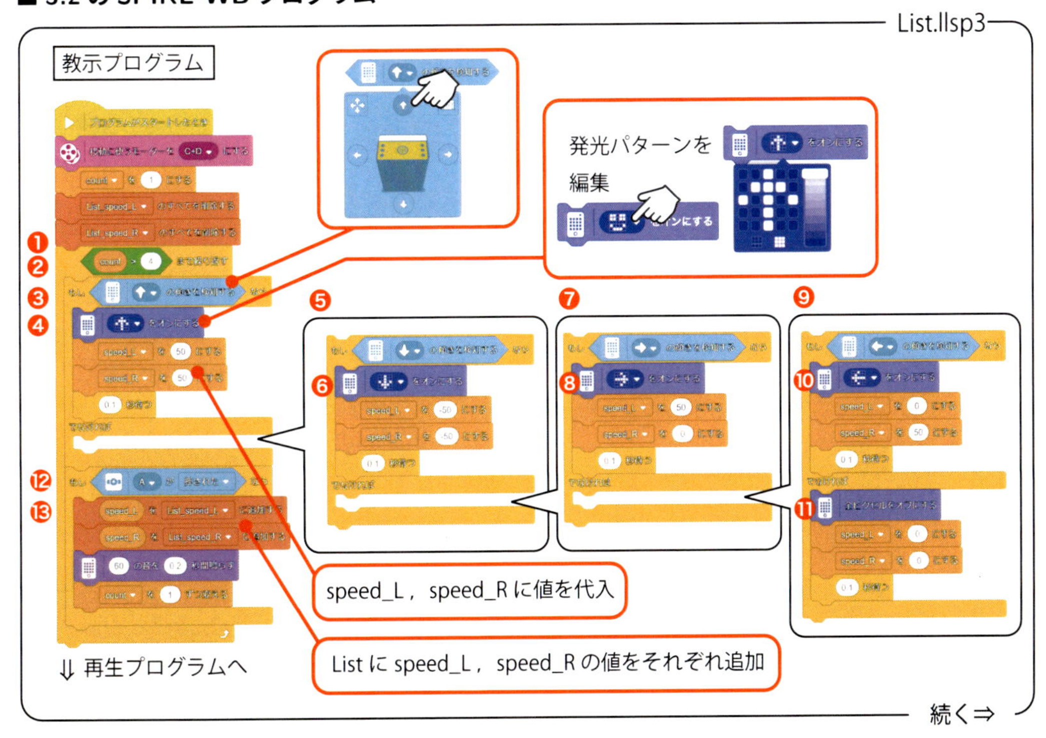

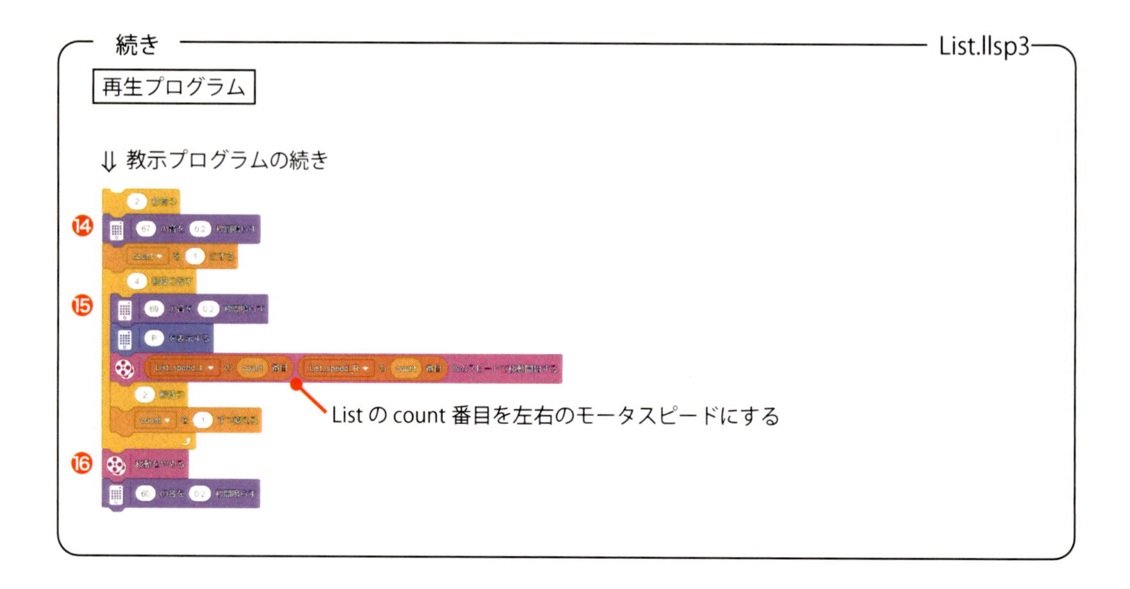

プログラミングブロックの解説[9]

　このプログラムは，❶のロボットに動作を記録する教示プログラムと，⓮の再生プログラムにわかれています．初期設定としてカウンタ用の変数countおよび，左右のモータスピードを代入するspeed_Lとspeed_Rと左右のモータスピードを記録するListList_speed_LとList_speed_Rを作成します．countは初期値の1を代入します．ラージハブの傾きによって❸，❺，❼，❾へ分岐します．たとえば，ラージハブの傾きが前方向（ピッチ角プラス方向）の場合は，❹が実行されます．❹では，前進を示すライトマトリクスの表示と左のモータスピードspeed_L=50，右のモータスピードspeed_L=50が実行されます．いずれかの分岐により，❹，❻，❽，❿，⓫が実行され，左右のモータスピードを変数に代入します．その後，⓬により，フォースセンサが押されたかの判定を行います．フォースセンサが押されている場合，⓭により，List_speed_LとList_speed_Rにspeed_Lとspeed_Rが追加され，countが1上がります．これを❷の～まで繰返すによって4回繰返します．

　⓮の再生プログラムでは，❶の教示プログラムで格納したListをふたたび使用するため，変数countを初期値である1を代入をします．記録した4回の動作を再生するため，○回繰返すは4回とします．List_speed_LとList_speed_Rのcount番目の値を左右のモータのスピードに設定して2秒間保持します．その後，countを1上げます．4回繰返した後，⓰のモータ停止を実行し，再生の終わりの合図として音ブロックにより音を鳴らしてプログラムは終了します．

9　❶の教示プログラムと⓮の再生プログラムは，つなげて（連続して）作成してください．

■ 5.2 の Python プログラム

List.py

```
from hub import light_matrix, port
from hub import motion_sensor
from hub import sound
import motor_pair
import force_sensor
import time
import runloop

motor_pair.pair(motor_pair.PAIR_1, port.C, port.D)
List_speed_R = []
List_speed_L = []

❶ async def SPIKE_rec():
    cnt = 0
    speed_L = 0
    speed_R = 0

❷   while cnt < 4:
❸       SPIKE_angle = motion_sensor.tilt_angles()
        #SPIKE_angle[0] #ヨー角
        #SPIKE_angle[1] #ピッチ角
        #SPIKE_angle[2] #ロール角
        light_matrix.show_image(light_matrix.IMAGE_ARROW_N)
❹       if abs(SPIKE_angle[1]) <100 and abs(SPIKE_angle[2])<100:
❺           light_matrix.clear()
            speed_L = 0
            speed_R = 0
            time.sleep_ms(100)
❻       elif abs(SPIKE_angle[1]) > abs(SPIKE_angle[2]):
❼           if SPIKE_angle[1] > 0:
❽               light_matrix.show_image(light_matrix.IMAGE_ARROW_N)
                speed_L = 500
                speed_R = 500
                time.sleep_ms(100)
            else:
❾               light_matrix.show_image(light_matrix.IMAGE_ARROW_S)
                speed_L = -500
                speed_R = -500
                time.sleep_ms(100)
        else:
❿           if SPIKE_angle[2] > 0:
⓫               light_matrix.show_image(light_matrix.IMAGE_ARROW_E)
                speed_L = 500
                speed_R = 0
                time.sleep_ms(100)
            else:
⓬               light_matrix.show_image(light_matrix.IMAGE_ARROW_W)
                speed_L = 0
                speed_R = 500
                time.sleep_ms(100)
```

続く⇒

続き　List.py

```
⑬    if force_sensor.pressed(port.A):
⑭        List_speed_L.append(speed_L)
          List_speed_R.append(speed_R)
          await sound.beep(262, 200, 100)
          cnt = cnt + 1

⑮ async def SPIKE_play():
      await sound.beep(392, 200, 100)
   ⑯ for i in range(4):
          await sound.beep(440, 200, 100)
          light_matrix.write("Playing",100,500)
          motor_pair.move_tank(motor_pair.PAIR_1, List_speed_L[i], \
          List_speed_R[i])
          time.sleep_ms(2000)
      await sound.beep(262, 200, 100)
   ⑰ motor_pair.stop(motor_pair.PAIR_1)

  async def main():
      motion_sensor.set_yaw_face(motion_sensor.TOP)
      motion_sensor.reset_yaw(0)
❶     await SPIKE_rec()
      time.sleep_ms(2000)
⑮     await SPIKE_play()

  runloop.run(main())
```

プログラムの解説

初期設定として，ポートCとポートDのモータのペア設定 PAIR_1 と左右のモータスピードを記録する ListList_speed_L と List_speed_R を作成します．

このプログラムは，❶ のロボットに動作を記録する教示プログラム部分 SPIKE_rec() 関数と，⑮ の再生プログラム部分の SPIKE_play( ) 関数にわかれています．

動作の記録

❶ の関数 SPIKE_rec() で動作の記録を行います．関数 main() から動作記録の関数 SPIKE_rec()❶ が呼び出されます．ラージハブの傾ける方向によって，停止，前進，後退，左旋回，右旋回となります．動作の記録は，フォースセンサを使用します．❸ の motion_sensor.tilt_angles() 命令[10]により，ラージハブのヨー角，ピッチ角，ロール角を SPIKE_angle に追加します．これにより，SPIKE_angle[0] にはヨー角，SPIKE_angle[1] はピッチ角，SPIKE_angle[2] はロール角が代入されます．最初に ❹ でラージハブのピッチ角とロール角が10度より小さいかを判断します．傾きの角度は，水平を0度としてプラス方向とマイナス方向があるため，絶対値 abs() とします．もし，傾きが10度よりも小さい場合，❺ により，ライトマトリクスは消灯し，左右のモータの値 speed_L と speed_R を0とします．次に，

10　motion_sensor.tilt_angles()
ラージハブの傾き情報を取得します．ヨー角，ピッチ角，ロール角を同時に出力します．

❻ により，ピッチ角とロール角のどちらに傾いているかを比較します．ピッチ角の方が大きい場合，次に ❼でピッチ角がプラス方向かマイナス方向かを調べます．ピッチ角のプラス方向に傾いている場合，❽ となり，light_matrix.show_image(light_matrix.IMAGE_ARROW_N) 命令により，前進方向の矢印をライトマトリクスに表示します．モータスピードは，左右いずれも speed_L と speed_R を 500 とします．ピッチ角のマイナス方向に傾いている場合は，❾ の後退方向の矢印表示と左右のモータスピードを −500 とします．ピッチ角と同様に ❿ でロール角の傾き方向を判定し，右旋回 ⓫ と左旋回 ⓬ とします．❹ のラージハブの傾きの判定を行った後，⓭ でフォースセンサの状態を判断します．フォースセンサが押されている場合，❹ 内で設定した左右のモータスピードが ListList_speed_L と List_speed_R に追加され，動作確認のための音を鳴らします．その後，カウンタ値 cnt を 1 つ上げます．この cnt が 4 よりも小さい間，❷ により繰返します．

動作の再生

⓯ の関数 SPIKE_play() で記録した動作を再生します．⓰ の for 文で 4 回再生を繰り返します．ListList_speed_L と List_speed_R の中にモータ速度が代入されているため，ループ回数 i 番目の値，List_speed_L[i] と List_speed_R[i] を motor_pair.move_tank() の左右のモータスピードとします．命令を 2 秒保持した後，⓰ に戻ります．4 回動作を行った後，⓱ でモータを停止します．

5.3　シングルタスクと並列タスク

今まで述べてきたプログラムは，すべて**シングルタスク**のプログラムです．高度なロボット制御では，ロボットに複数の処理を同時に実行する**並列タスク**を実現する必要があります．

5.3.1　並列タスク

ライントレースと音の再生をロボットで同時に行うためには，2 つのプログラムを同時に動かす必要があります．これを実現する有効な手段が**並列タスク**です．今までに学んだプログラムは，図 5.8(a) のように，一本のレール上の命令を順番に実行するイメージであったのに対して，並列タスクは，図 5.8(b) のように複数のレールがあり，複数の命令が独立して同時に動作しているイメージになります．

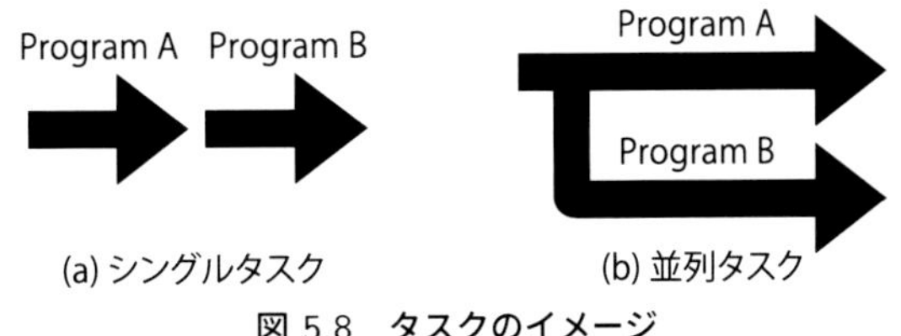

図 5.8　タスクのイメージ

ライントレースと音の再生をロボットで同時に行う並列タスク処理の PAD は，図 5.9 となります．この PAD では，❶❷でそれぞれのタスクを起動して，各タスクを同時に実行する流れとなります．

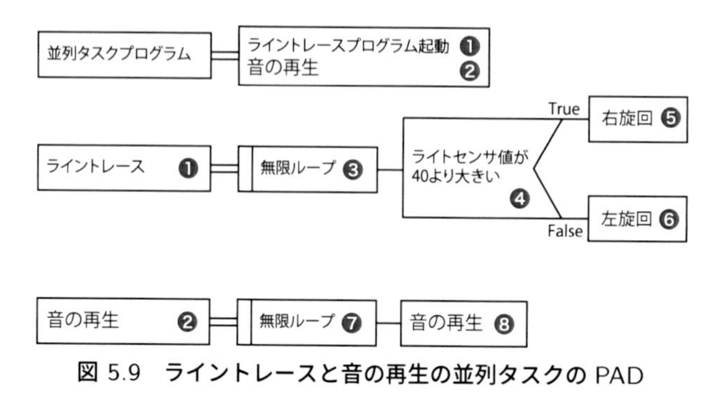

図 5.9　ライントレースと音の再生の並列タスクの PAD

5.3.2　プログラムのコンフリクトとセマフォ

並列タスクを利用することで複数のタスクを同時に動かすことができます．ライントレースと音の再生といった互いに干渉しないプログラムを並列に動かす場合は特に問題は起こりません．しかし，図 5.10 のようなライントレースと障害物回避を並列して動かすプログラムの場合，実際のロボットプログラムでは，図 5.11 のようにタスクからの命令（たとえばモータ制御）が衝突するという問題が発生します．これを**コンフリクト**と呼びます．このコンフリクトを解消するには，**セマフォ**という考え方を導入します．

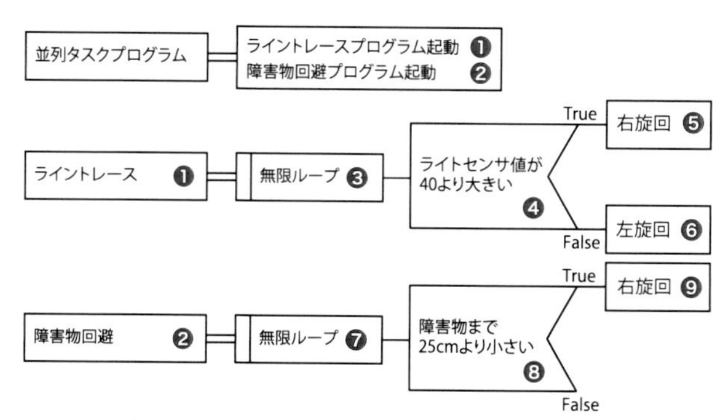

図 5.10　ライントレースと障害物回避の並列タスク PAD

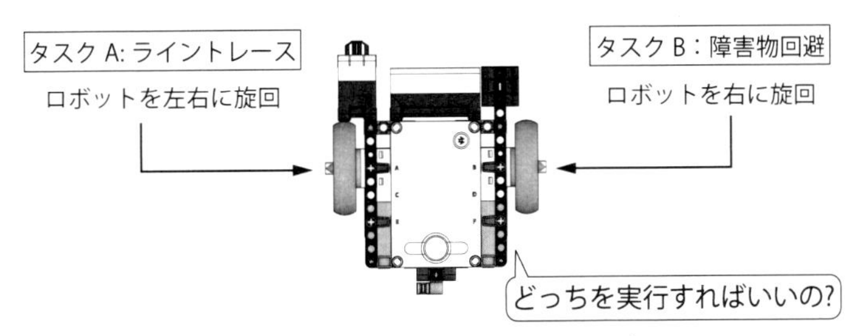

図 5.11 命令の衝突（コンフリクト）

セマフォとは信号灯という意味であり，一種の共有フラグ[11]です．複数のタスクがこのフラグに注目し，フラグの変化に応じて処理を行うようにします．2つのタスク間におけるセマフォの処理例を図 5.12 に示します．

① **モータの未使用状態**
モータが使用されていないときは，共有フラグであるセマフォ（信号灯）は未使用状態になっています．このとき，タスクからのリクエスト（要求）があれば，モータ制御の処理をすぐに実行することができます．

② **タスク A によるモータ制御**
タスク A がモータを使用するときは，リクエストの結果，セマフォが未使用状態であれば，セマフォを使用状態に変更してからモータの制御（前進）を行います．このとき，タスク B がモータ制御のリクエストをしても，すでにセマフォは使用状態なので，モータ制御（後退）は実行されず，タスク B は待機状態となります．

③ **タスク A によるモータ制御終了**
タスク A によるモータ制御が終了すると，タスク A からモータの使用状態の解除が行われ，セマフォは未使用状態に戻ります．

④ **タスク B によるモータ制御**
待機状態のタスク B はセマフォが未使用状態になると，セマフォを使用状態に変更してからモータの制御（後退）を行います．このとき，タスク A からのリクエストがあってもセマフォが使用状態のため，タスク A は待機状態となります．

11 フラグ：
旗を意味します．複数のプログラムが 1 つのフラグ（旗）を共有することを共有フラグと言います．

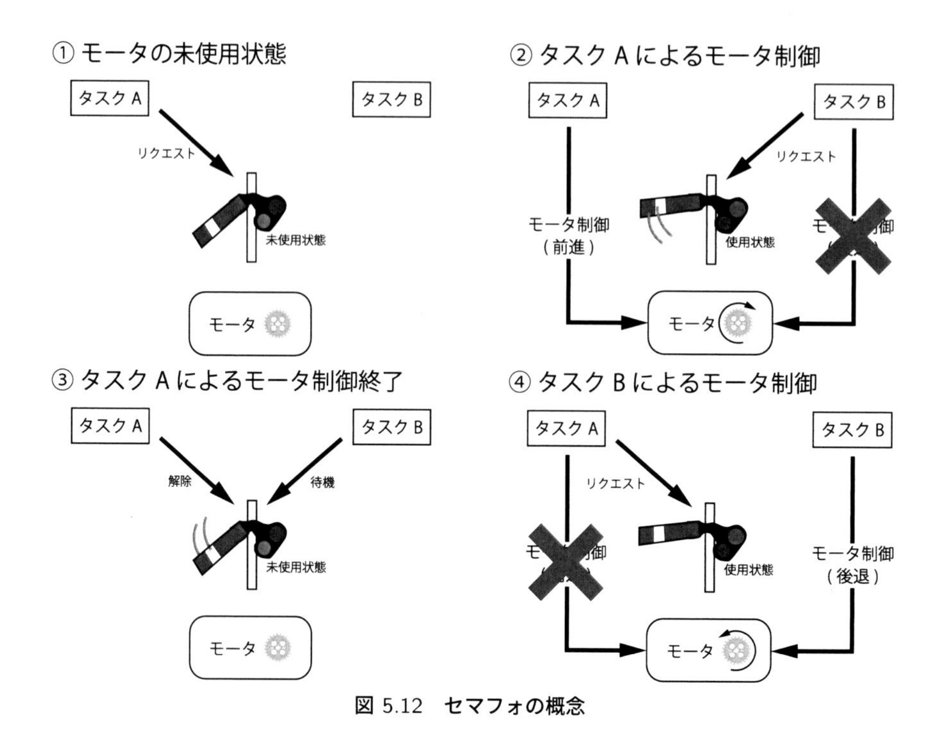

図 5.12　セマフォの概念

このようにセマフォを用いることで，並列タスクのコンフリクトを回避することができます．

5.4　高度なロボット制御

これまで学んできたモータの制御方法は，単純な前進・後退の ON-OFF 制御です．しかし，ロボットの状態に合わせて目的を達成する適応的な動作を実現するには，より複雑な制御が必要となります．たとえば，目標となる位置までロボットをなるべく早く移動させて停止させたいとします．早く移動させたいからといって，目標の位置まで全速力（最大のパワー）で前進して，目標の位置でブレーキをかけたとします．すると，ロボットは目標の位置で停止できず，ある程度進んだところで停止します．そこで，また全速力で目標位置まで後退するとどうなるでしょう？ また，目標位置をこえた後に停止します．では，また全速力で ... と繰返すと，図 5.13 のようにロボットは永久に目標の位置で停止することができません．

みなさんには，「なんだ簡単じゃないか」と思うようなことでも，ロボットにとっては，とても難しいことになります．

これを解決するには，ロボットのセンサから得られた情報により，ロボットがどのような状態であるかを把握して，次の動作を適切に決める必要があります．このような動作を**フィードバック制御**と言います．フィードバック制御は，ロボットなどのモータ制御だけではなく，エアコンなどの温度制御など，多くの製品にも用いられています．

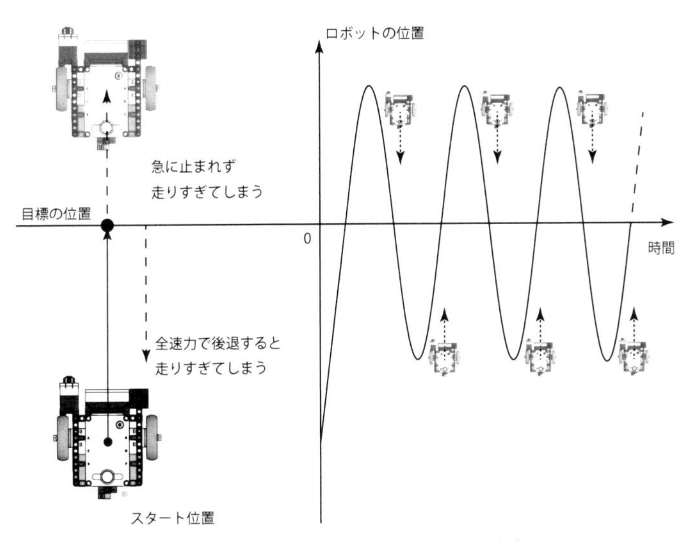

図 5.13　目標位置までの移動（失敗例）

図 5.14(a) の制御では，目標の位置との距離によって速度を決定して制御を行っています（PI 制御）．さらに目標位置との誤差を修正する制御を行うと，図 5.14(b) のように目標の位置へ短時間で移動することができるようになります（PID 制御）．

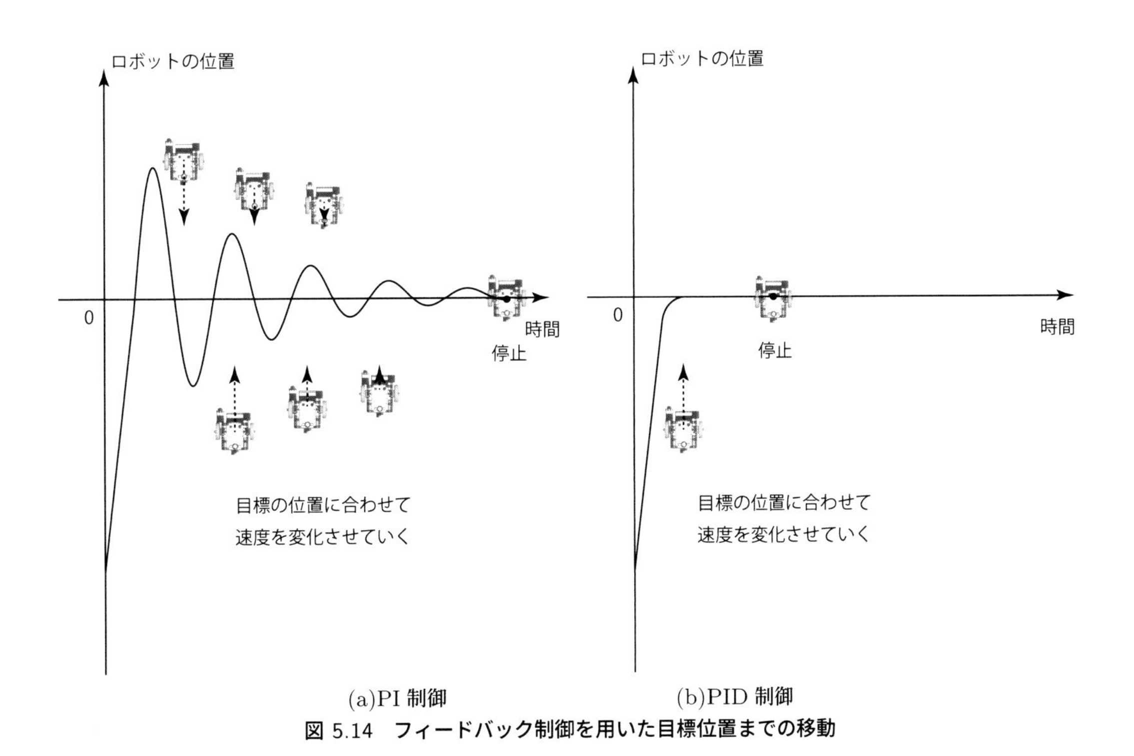

(a)PI 制御　(b)PID 制御

図 5.14　フィードバック制御を用いた目標位置までの移動

本節では，フィードバック制御の 1 つである PID 制御について説明します．また，LEGO ロボットを用いた PID 制御について説明します．PID 制御プログラムは，少し難しいですがロボットを制御するプログラムの学習で非常に有効なため，是非チャレンジしてみてください．

5.4.1　PID 制御

フィードバック制御の 1 つとして **PID 制御**がよく用いられます．PID 制御は，P 制御（Proportional 制御：比例制御）・I 制御（Integral 制御：積分制御）・D 制御（Differential 制御：微分制御）の組み合わせからできており，相互作用によって安定したロボット制御が可能となります．順に P 制御，PI 制御，PID 制御について説明します．

・P 制御

P 制御（比例制御）を式で表すと，

$$\text{制御値} = K_p \times（\text{目標値} - \text{現在値}）$$

となります．P 制御は，単純な制御です．目標値と現在値の差を求め，比例定数 K_p との積を制御値とします．K_p の値が大きいと，早く目標位置付近に移動できますが，目標位置をこえて図 5.13 のようにいつまでも目標位置にたどりつけないことがあります．

・PI 制御

P 制御では K_p の値が大きすぎると図 5.15(a) のように，いつまでも目標位置にたどりつけないことがあります．逆に K_p の値が小さすぎると，図 5.15(b) のように目標位置に到達することができません．この問題を解決する制御方法が PI 制御です．PI 制御を下記の式で表すと，

$$\text{制御値} = K_p \times（\text{目標値} - \text{現在値}）+ K_i \times（（\text{目標値} - \text{現在値}）\text{の累積}）$$

となります．目標値と現在値の差の累積（Integral：積分値）を求め，比例定数 $\mathrm{K_i}$ との積を求めます．これを P 制御に加えることにより，P 制御で発生する誤差を修正して，正しい目標値に近づけます．

・PID 制御

ロボットのモータ制御の場合，制御中に目標位置が変化する場合があり，PI 制御では応答が追いつけない場合があります．PID 制御では，誤差の差 (Differential) を求め，変化の少ない (誤差の差が小さい) ときは制御量を小さくして，変化が大きい (誤差の差が大きい) ときは，制御量を大きくすることにより，制御の応答速度を向上させた制御方法になります．PID 制御を式で表すと，

$$\begin{aligned}\text{制御値} = K_p \times（\text{目標値} - \text{現在値}）+ K_i \times（（\text{目標値} - \text{現在値}）\text{の累積}）\\ + K_d \times（\text{前回の誤差} - \text{今回の誤差}）\end{aligned}$$

となります．PID 制御を使用してロボットのパワー調整を行うことで，図 5.16 のように目標の位置に停止することができるようになります．また，目標位置が変化した場合においても理想のパワー制御の追従が可能となります．

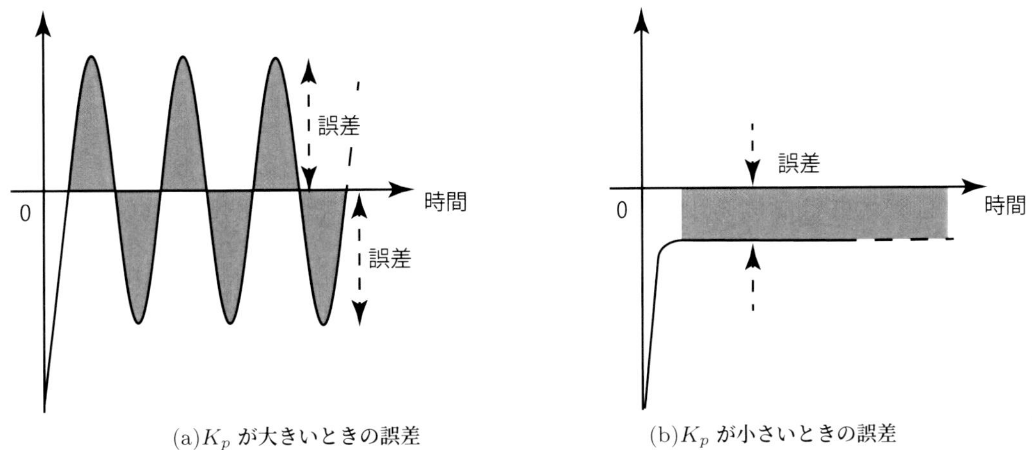

(a)K_p が大きいときの誤差　(b)K_p が小さいときの誤差

図 5.15　P 制御による目標位置までの誤差

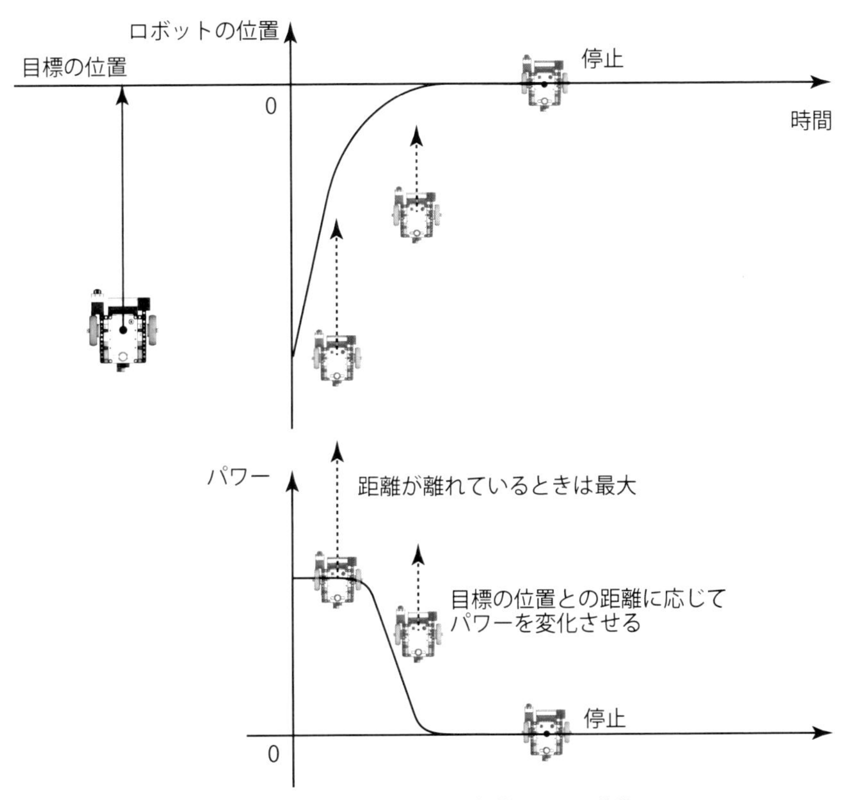

図 5.16　PID 制御による目標位置までの移動

実際のロボット制御では，K_p，K_i，K_d の値を，何度も実験して決める必要があります．

5.4.2　PID 制御による倒立振子ロボットの制御

SPIKE Prime では，様々な形のロボットを作成することができます．図 5.17 のジャイロボットもその 1 つです．ジャイロボットは一般的に**倒立振子ロボット**と呼ばれるロボットになります．倒立振子ロボットの原理は，図 5.18(a) のように手のひらの上に逆さまのほうきを置いてバランスをとるイメージです．ほうきが倒れる方向と同じ方向に手を動かすとほうきは倒れず倒立を保つことができます．ジャイロボットは，車輪が 2 つでバランスを保つロボットです．図 5.18(b) のようにジャイロボットが倒れようとする方向にロボットが移動し，倒立を保ちます．このような倒立を保つためには，PID 制御を用いてどのようなプログラムを作成すればよいでしょうか？

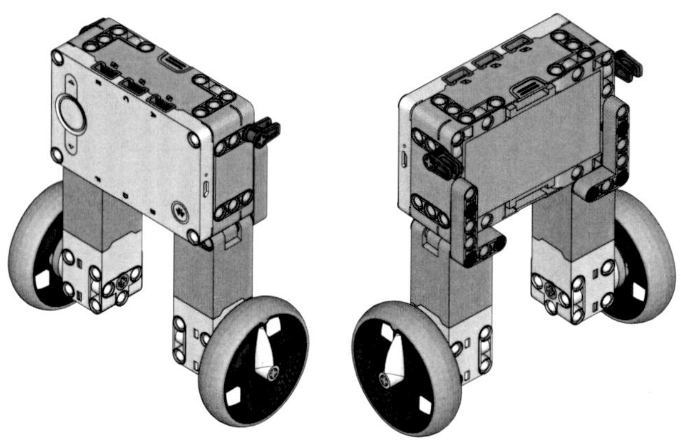

図 5.17　ジャイロボット

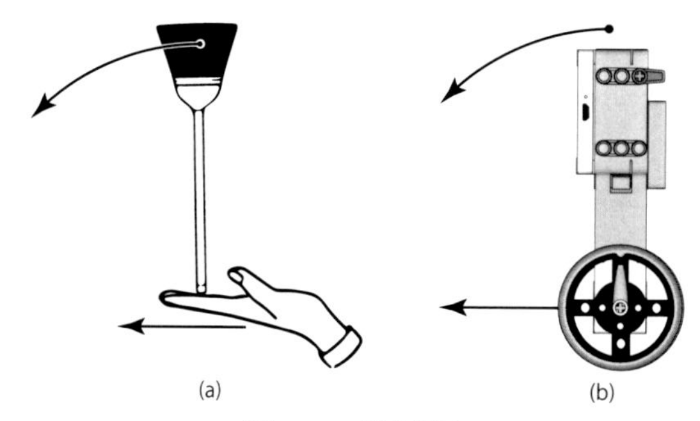

図 5.18　倒立振子

PID 制御アルゴリズム

PID 制御を用いてジャイロボットを制御してみましょう．ジャイロボットには，図 5.19 のようにラージハブの中心にモーションセンサ（ジャイロセンサ）がついています．

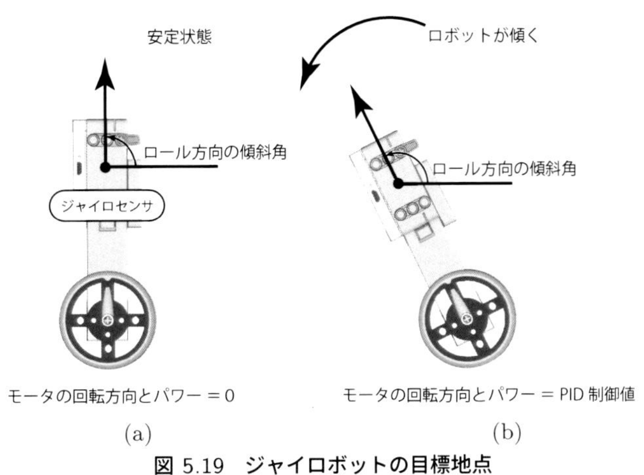

図 5.19 ジャイロボットの目標地点

図 5.19(a) のようにジャイロボットが安定している状態の傾斜角 (ロール) をあらかじめ求め，目標角度 `tar_ang` とします．倒立振子ロボットが直立状態で安定している場合，現在の傾斜角 `curr_ang` と目標角度は同じ角度となり，倒立状態を維持するためのモータの回転方向と速度は 0 となります．しかし，図 5.19(b) のように倒立振子ロボットが傾いた場合，モーションセンサは，目標角度とは異なる傾斜角を検出します．このとき，安定した倒立状態にもどすためには，現在の傾斜角を目標角度に近づける必要があります．現在の傾斜角を目標角度に近づけるための P 制御の制御量 P は，

$$\text{P 制御} = \mathrm{K_p} \times (\text{tar\_ang - curr\_ang})$$

となります．ここで，P 制御の目標角度と現在の傾斜角のずれ (`tar_ang - curr_ang`) を `curr_err` とすると，I 制御の制御量 I は比例定数 $\mathrm{K_i}$ と誤差の累積の積であるため，

$$\text{I 制御} = K_i \times (\text{acc\_err})$$
$$\text{acc\_err} = \text{acc\_err} + \text{curr\_err}$$

となります．ひとつ前の `curr_err` を `prev_err` とすると，D 制御の制御量 D は，

$$\text{D 制御} = K_d \times (\text{diff\_err})$$
$$\text{diff\_err} = \text{prev\_err - curr\_err}$$

となります．PID 制御は P 制御，I 制御，D 制御の総和で求めることができます．

$$\text{PID 制御} = \text{P 制御} + \text{I 制御} + \text{D 制御}$$

ジャイロボットプログラムの PAD を図 5.20 に示します[12]．また，アルゴリズムの SPIKE-WB と Python のプログラムは次のようになります．

12 ジャイロボットプログラムでは，ラージハブを横向きにして，左モータをポート E，右モータをポート A に接続します．

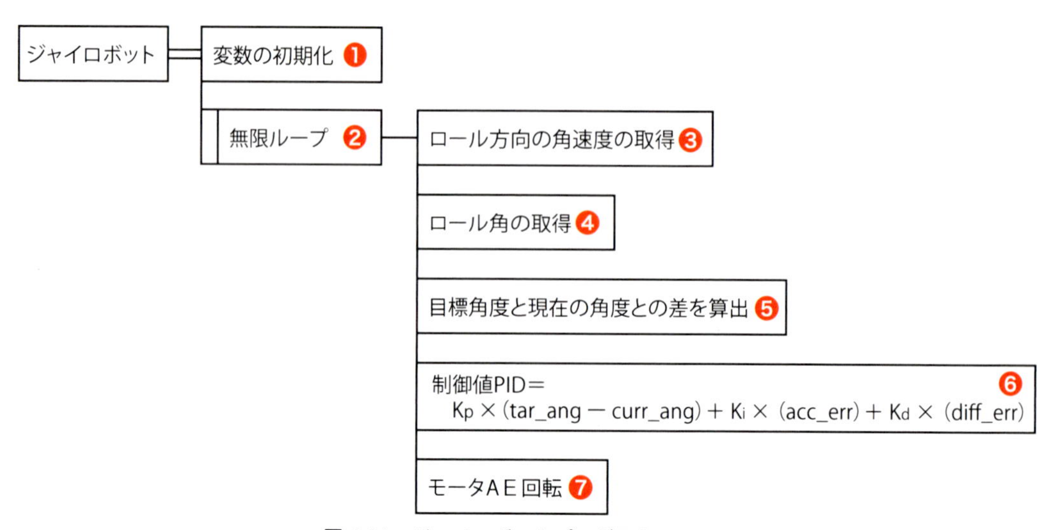

図 5.20　ジャイロボットプログラムの PAD

■ 5.4.2 の SPIKE-WB プログラム

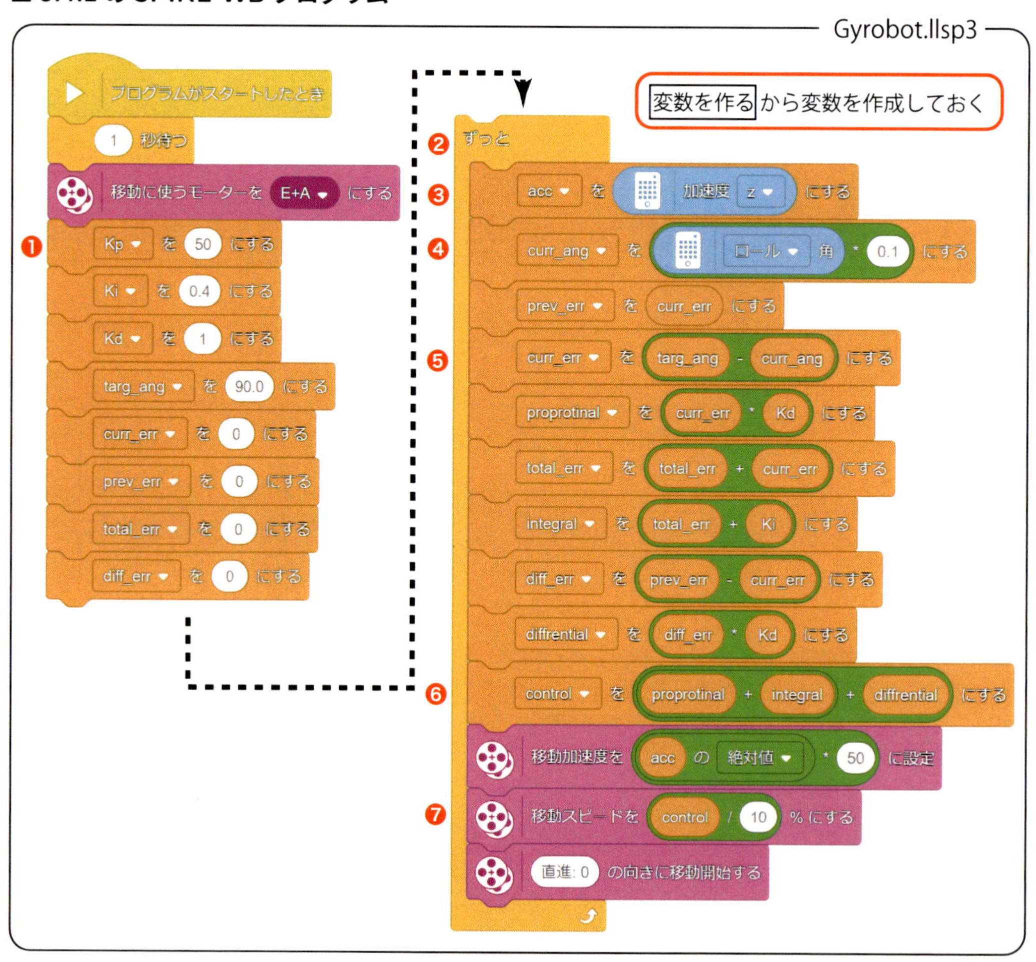

プログラミングブロックの解説

あらかじめ，変数を作るから変数を作成しておきます．初期設定として，❶ で変数の初期化を行います．次に，❸ でロール方向の角速度，❹ で傾斜角を取得します．❺ であらかじめ設定した目標角度と❹ の傾斜角から誤差を求め，モータの回転速度を PID の計算によって求めます❻．❸ の角速度と❻ の回転速度を利用してモータの回転を実行し，これを ❷ の無限ループで繰返します．

■ 5.4.2 の Python プログラム

Gyrobot.py

```
  from hub import motion_sensor, port
  import motor_pair
  import math
  motor_pair.pair(motor_pair.PAIR_1, port.E, port.A)

  targ_ang = 90.0
  gain = {"Kp": 50, "Ki": 0.4, "Kd": 1}

❶ curr_err = 0
  prev_err = 0
  total_err = 0
  diff_err = 0
❷ while True:
 ❸   acc = motion_sensor.angular_velocity(bool(1))[0]
 ❹   curr_ang = motion_sensor.tilt_angles()[2] *0.1
     prev_err = curr_err
 ❺   curr_err = targ_ang - curr_ang
     proprotinal = curr_err * gain["Kp"]
     total_err = total_err + curr_err
     integral = total_err * gain["Ki"]
     diff_err = prev_err - curr_err
     diffrential = diff_err * gain["Kd"]
 ❻   control = proprotinal + integral + diffrential
 ❼   motor_pair.move(motor_pair.PAIR_1, 0, \
  velocity = math.floor(control), acceleration = abs(acc)*50)
```

プログラムの解説

初期設定として，❶ で変数の初期化を行います．次に，❸ でロール方向の角速度，❹ で傾斜角を取得します．❺ であらかじめ設定した目標角度と❹ の傾斜角から誤差を求め，モータの回転速度を PID の計算によって求めます❻．❸ の角速度と❻ の回転速度を利用してモータの回転を実行し，これを❷ の無限ループで繰返します．

ジャイロボットの直立角度や K_p，K_i，K_d のパラメータ値は，SPIKE セットやロボットの組み方によって個体差があります．そのため，適切なパラメータ値を見つけるためには，トライ＆エラーを何度も繰返す必要があります．

■■　演習課題 5　■■

5-1. 距離センサの値をライトマトリクスに表示しましょう．

5-2. 5.2 節のロボットに教示する回数を 4 回と固定ではなく，記録の終了を決めて，任意の回数で教示と再生を行うプログラムに変更してみましょう．

5-3. ジャイロボットをライントレースしながら倒立するように変更してみましょう．

第6章

ロボット作り上達のために

この章では，アイディアの出しかたやグループで話し合うときのポイントなど，みなさんの発想を豊かにするためのコツを学びます．また，ロボット作りの基本となるものづくりのプロセスや効果的な作業の進め方について学んでいきます．

この章のポイント

- → おもしろいアイディアの出しかた
- → グループワークのコツ
- → PDS サイクル

6.1　おもしろいロボットを考えよう

ロボット作りが上達してくると，前に作ったロボットよりももっとおもしろいロボットを作りたい！と思うようになるでしょう．しかし，ロボットに関する本には，ロボットの作り方は書いてありますが，おもしろいロボットを作るにはどうしたらよいのかということはほとんど書かれていないのではないかと思います．そこで本章では，おもしろいアイディアを出すにはどうしたらよいのか，また，考えたアイディアをうまく実現するためにはどうしたらよいのかといった，おもしろいロボットを作るためのヒントをいくつか紹介します．

6.1.1　常識にとらわれない

いくら考えてもありふれたアイディアしか思いつかない，というときがあります．ありふれたアイディアというのは，言い換えると常識にとらわれたアイディアだということです．いったん常識にとらわれてしまうと，新しい発見が困難になります．そのようなときはみなさんの頭の中にある常識の反対を考えてみるのです．たとえばライントレースというと，黒いラインをトレースするイメージがありますが，その反対に明るい部分をトレースするロボットについていろいろ考えてみるのです．たとえば，懐中電灯の明かりを追いかけるロボット，などというのはちょっとおもしろそうじゃないですか？

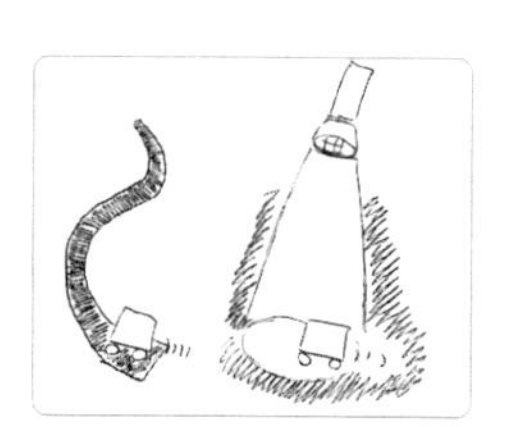

思いつかないときは，反対のことを考えてみる

6.1.2　アイディアを組み合わせる

ひとつひとつのアイディアは平凡でも，それらを組み合わせてみることでおもしろいアイディアになることがあります．たとえば，「大きいタイヤで安定感のあるロボット」と「小さいタイヤで小回りのきくロボット」の２つの案を考えたとします．このようなときには，２つのアイディアを組み合わせて「前輪が小さく，後輪が大きいロボット」はどうか，というように考えてみてください．組み合わせるアイディアは，自分の考えたものだけでなく，本に載っているものでも構いません．一見まったく異なるアイディアのほうが，組み合わせたときに新しい発見があります．いろいろなアイディアを組み合わせてみましょう．

２人のアイディアを組み合わせて・・・

6.1.3 身近な物を参考にする

おもしろいアイディアを思いついても，それをどのように実現すればよいのかわからないときがあります．そのようなときは，身の周りにある参考になりそうなものをよく観察してみましょう．たとえば，ショベルカーのようにボールをすくうロボットを作りたいと思ったときは，実際のショベルカーの動きを観察するのです．ショベルの大きさはどのくらいなのか，どのようなメカニズムでショベルが動いているのかなど，ロボット実現のヒントになりそうな情報が得られると思います．このとき，ただ見るのではなく，スケッチを描いたり，スマートフォンやデジカメで写真を撮ったりしておくと，あとからロボットを組み立てるときに役に立ちます．

観察するときはメモをとりながら

6.2 グループで協力して作ろう

ロボット作りは大変複雑で時間のかかる作業なので，グループで作業を行うことも多いと思います．そのようなとき，互いに協力しながらうまくロボットを作っていくためにはどのようなことに気をつけたらよいでしょうか．昔から，「三人寄れば文殊の知恵」[1]といったことわざがあるように，グループで作業をすることには多くのメリットがあります．しかしその一方で，「船頭多くして船山に上る」[2]のように，グループ作業には，デメリットがあることも指摘されています．そこで，みなさんがグループ作業をうまく進めていくためのポイントを紹介します．

6.2.1 アイディアを共有する

1人で作業するときと違って，グループで作業する際には互いの意見やアイディアについて話し合いながら作業を進めていく必要があります．そのとき，ただ頭の中で考えているだけではメンバーにはその内容がわかりません．考えたアイディアを説明したり書き出しながらアイディアを互いに共有することが重要です．特にロボットのデザインやメカニズムなど，言葉で説明するのが難しい場合は図を描くことをおすすめします．

自分ではあまりおもしろくないアイディアだと思っても，他のメンバーがおもしろいと思うかもしれませんし，そのアイディアについて話し合ったことがきっかけで新しいアイディアを思い

1　愚かな者，平凡な者も三人集まって相談すれば文殊菩薩（もんじゅぼさつ）のようなよい知恵がでるものだ（ということ）（広辞苑第六版より）．

2　指図する人ばかり多いため統一がとれず，かえってとんでもない方に物事が進んでゆくこと（広辞苑第六版より）．

つくかもしれません．まずは遠慮せずに思ったこと，考えたことを伝えてみましょう[3]．

話し合いは紙に描きながら・・・

6.2.2　積極的に評価する

アイディアを考えるときと同様に，考えたアイディアや作成したロボットに対して評価・コメントするときにも自分の思ったことや考えたことを他のメンバーに伝えることが重要です．特に他のメンバーの考えたアイディアや作業結果については，良い部分を積極的にコメントしましょう．メンバーの自信につながりますし，グループの雰囲気も良くなるでしょう．一方，「おもしろくない」「ダメだ」といった批判的なコメントはなかなか言いにくいものですが，問題点を指摘し，改善していくことでロボットはより良いものになっていきます．コメントはなるべく具体的に，また，強く否定するのではなく，表現に気をつけましょう．

コメントは具体的に！

6.2.3　作業の役割を分担する

ロボット作りはとても複雑な作業です．特にロボットを組み立てたり，プログラミングするには多くの時間を必要とします．一人でロボットを作る場合，これらの作業をすべて1人で行わなければならないのですが，グループで作業をする場合には役割を分担することで効率よく作業を進めることが可能になります．ロボット作りの場合，ハードウェア担当（パーツの組み立て）とソフトウェア担当（プログラミング）にわかれて作業することが多いと思います．[4]このとき，同じ作業ばかりしているとロボット作りの経験が偏ってしまい，個々の上達につながりません．役割を分担する際には，メンバーの作業内容が偏らないように，役割を定期的に交代しましょう．

3　ロボット工学の領域ですぐれた業績をあげているカーネギー・メロン大学の金出教授は「アイディアを練る方法は，考えついたアイディアを人に語りかけ，そのやり取りでまともなアイディアかどうかをチェックし，関連した知識を得，不備な面を修正するのである」と述べています（出典：金出武雄著，『素人のように考え，玄人として実行する』，PHP文庫）．

4　グループの人数が多い場合には，A案担当とB案担当にわかれて並行して作業を進めていく（最終的によい結果のほうを採用する）といった分担方法もあります．

役割はこまめに交代しましょう

コラム 6：ロボット作りの上級者はここが違う

ロボット作りの上級者はどのような点がすぐれているのでしょうか？

この点を調べるために，ロボットコンテストで入賞経験のある上級者を対象とした実験を行いました．実験課題は，LEGO を使っておもしろい移動方法のロボットを作ることです（制限時間は 4 時間）．上級者の作成プロセスをビデオで撮影して詳しく調べた結果，以下の特徴が明らかになりました．

特徴 1：材料や時間を確認する

上級者は計画をたてる前に，どのパーツがいくつあるのかを確認していました．また，考えた計画を実行するにはどれくらいの時間が必要かを計算していました（どんなにおもしろいアイディアでも，パーツの数や時間が足りなければ実現できないですものね）．

特徴 2：幅広い箇所を改良する

上級者は問題が発生したときに，1 箇所だけを改良するのではなく，様々な部分を改良していました（たとえば，ロボットがうまくカーブできないときに，プログラムを改良するだけでなく，タイヤやモータの位置を変更したり，ロボットの左右のバランス調整を行う，など）．

特徴 3：動いたら完成！ ではない

上級者はロボットが計画通りに動くようになった後も，よりスムーズに，より確実に動くことを目指してさらに改良を行っていました（おもにロボットの軽量化や分解しやすい部分の補強，プログラムの効率化などを行っていました）．

みなさんも上記の点を参考に上級者を目指しましょう．

6.3 ロボット作りのサイクル

みなさんはどのように普段ロボットを作っていますか？ 作り始める前にじっくりと考える人もいるでしょうし，とりあえずパーツを組み立てながら考えるという人もいるでしょう．一般的にものを作る活動は，PLAN（計画を立てる），DO（計画を実行する），SEE（実行結果を評価する）という 3 つの活動を繰返します．この活動のサイクルをそれぞれの頭文字をとって **PDS サイクル**[5]と呼びます（図 6.1）．PDS サイクルはロボット作りに限らず，ものを作る活動すべてにあてはまります．それでは，各段階の活動内容をみていきましょう．

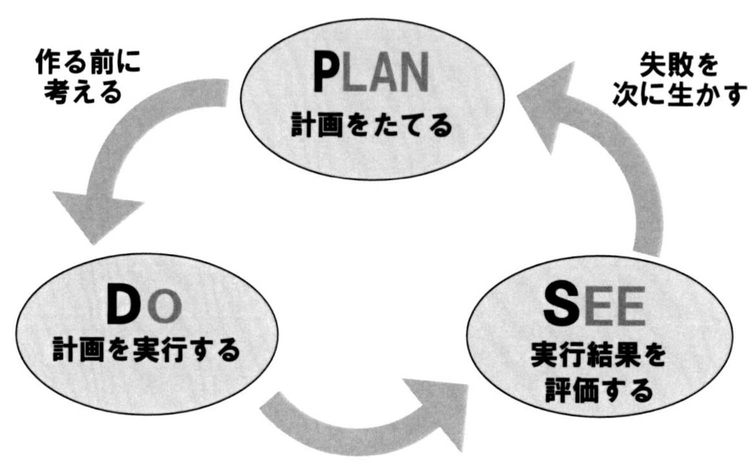

図 6.1　PDS サイクルの流れ

PLAN（計画を立てる）

ロボット作りはまず「どのようなロボットを作るのか」を考えるところから始まります．これが PDS サイクルの第 1 段階の「PLAN（計画を立てる）」です．ロボットを作る場合，ハードウェア（パーツの組み立て）とソフトウェア（プログラミング）の両方について，それぞれの目標と作業の手順を計画する必要があります．

DO（計画を実行する）

どのようなロボットを作るのかが決まったら，計画した内容にそって，パーツを組み立てたり，プログラムを作成していきます．これが PDS サイクルの第 2 段階の「DO（計画を実行する）」です．この段階は実際に手を動かす作業が多いため，他の段階よりも多くの時間を必要とします．

SEE（実行結果を評価する）

ある程度作業が進んだら，ロボットが計画通りに動くかどうかを評価します．これが PDS サイクルの第 3 段階の「SEE（実行結果を評価する）」です．評価した結果，計画通りに動かないことが多いのですが，その場合はどこに問題があるのかを分析し，その問題を解決するにはどうすればよいのかを検討します．

5　PDS サイクルは組織の質を高めるためのマネジメント手法の 1 つとして，実際に多くの企業に導入されています．また，PDS サイクルを支援するためのグループウェアも多数開発されています．

このように，3 つの活動のサイクルをこまめに繰り返すことで，頭の中のアイディアはだんだんと具体的になり，ロボットは完成に近づきます．これまでのロボット作りでは DO しか意識していなかった人も多いと思いますが，これからロボットを作るときには，ぜひ PLAN・DO・SEE の 3 つの活動を意識しましょう．

次の 7 章と 8 章では，PLAN および SEE を効果的に実施するための方法を紹介します．7 章の「コース攻略を考えよう（モデリング入門)」では，PLAN を効果的に実施するための方法として，初心者用モデリングテンプレート (UML-B) を使ったモデリングの方法を紹介します．8 章の「リフレクションしよう」では，SEE を効果的に実施するための方法として，作業中および作業後のリフレクションのやりかたを紹介します．ぜひ今後の学習の参考にしてください．

第7章

コース攻略を考えよう（モデリング入門）

本章では，チャレンジする競技コースに対して，どのように攻略していくかについて考え，その設計図を作る（モデリング）方法を学びます．実際の競技コースを例として，初心者用のモデリング手法を使い，わかりやすく説明します．

この章のポイント

→ モデリングの意義
→ モデリングの基本
→ コース攻略法をモデリング
→ モデリングの評価

7.1　モデリングとは

「出場する大会のコースが発表された！（図 7.1）」

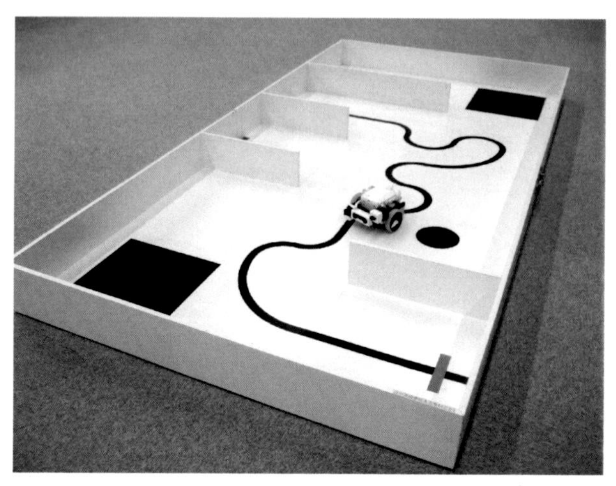

図 7.1　競技コース

さあ，みなさんは何から始めますか？

目標（速く走るロボットとプログラムを作って優勝するぞ！）はすぐ決まりますね．でも，作品（速く走るロボットとプログラム）はすぐには作れませんね（図 7.2(a)）．

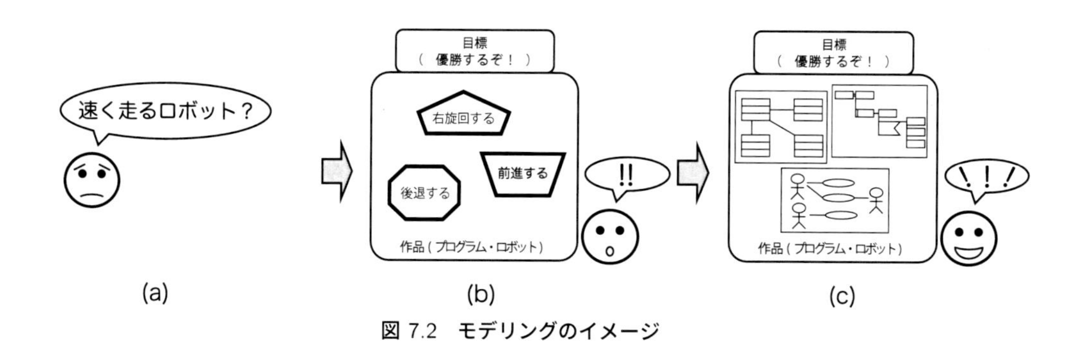

図 7.2　モデリングのイメージ

それは，実現したい抽象的な目標（優勝するぞ！）を具体的な作品（ロボットとプログラム）で実現するためには，「必要なこと」がたくさん含まれているからなのです．この「必要なこと」を本書では「必要な機能」としましょう．例えば，「前進する」「右旋回する」「後退する」等々，必要な機能をひとつひとつ完成させて，やっと（優勝するぞ！）が（速く走るロボットとプログラム）によって実現されるのです（図 7.2(b)）．よって，必要な機能を明確にして設計図を作る作業が必要なのです．でも，必要な機能を見つけて，正しく設計図を完成させる作業は初心者にはなかなか難しいのです．だから，多くの初心者は必要な機能を正しく確認せず，設計図も書かないままで，いきなり作り始めて失敗を繰り返します．

そこで，必要な機能を明確にするために役立つのがモデリングです．モデリングとは，実現したい目標を具体化，可視化，詳細化して，明確にわかりやすくすることです．要するに，「優勝するぞ！」のために必要な機能が，モデルリングによって具体化，可視化，詳細化されて設計図（モデル）となるわけです（図 7.2(c)）．明確な設計図（モデル）があればプログラムやロボットが作りやすくなるのはわかりますよね？

そして，6 章で学習した PDS サイクルを思い出してください．モデリングは，プログラムの設計図（モデル）を作ることですから，PLAN（計画を立てる）にあたります．

7.2　初心者のためのモデリング入門 (UML-B)

本書では，初心者用のモデリングテンプレート (UML-B) [1]を用いた方法でモデリング方法を説明します．UML-B では，機能モデル，詳細モデル，関連モデルの 3 種類のモデルを作成します．

I. 機能モデル（図 7.3）

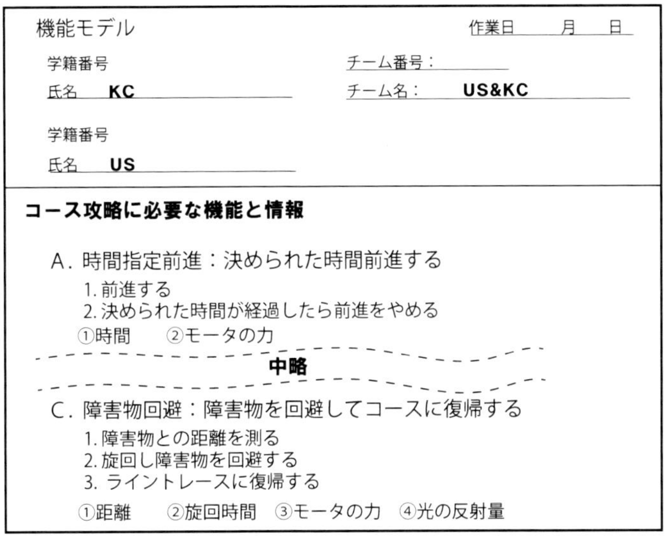

機能モデル　　作業日　　月　　日

学籍番号　　チーム番号：

氏名　KC　　チーム名：　US&KC

学籍番号

氏名　US

コース攻略に必要な機能と情報

A. 時間指定前進：決められた時間前進する

1. 前進する
2. 決められた時間が経過したら前進をやめる

①時間　②モータの力

中略

C. 障害物回避：障害物を回避してコースに復帰する

1. 障害物との距離を測る
2. 旋回し障害物を回避する
3. ライントレースに復帰する

①距離　②旋回時間　③モータの力　④光の反射量

図 7.3　機能モデルの例

機能モデルは，プログラムに必要な機能を抽出して，その内容を整理します．

(1) 取り組む課題に関して，必要な機能を考えます．

ライントレース，障害物回避　etc.

(2) 機能の内容・必要な情報を整理します．

1　UML-B については，以下に報告があります．
藤井隆司，藤吉弘亘，鈴木裕利，石井成郎，「工学部における問題解決型授業の実践と効果の検証」，日本ロボット学会誌，Vol.31(2013)，No.2，pp.161-168

- 機能の内容は，実現したい動作です．動詞で表現します．
  旋回する，前進する　etc.
- 必要な情報を整理します．名詞で表現します．
  時間，光の反射量　etc.

II. 詳細モデル（図7.4）

詳細モデル　　作業日　月　日

チーム番号：　　チーム名：　US&KC

機能名	障害物回避
機能の概要	障害物を回避してコースに復帰する
開始条件	障害物に近づく（C-①）
機能の流れ	1. 左旋回（C-②，C-③） 2. 右旋回（C-②，C-③） 3. 中略
終了条件	コースに復帰する

イメージスケッチ

図7.4　詳細モデルの例

詳細モデルは，機能の実現方法を詳細に記述します．実現に必要な条件，機能の流れ，使用する情報を明確にします．機能モデルで抽出した各機能について作成します．

III. 関連モデル（図7.5）

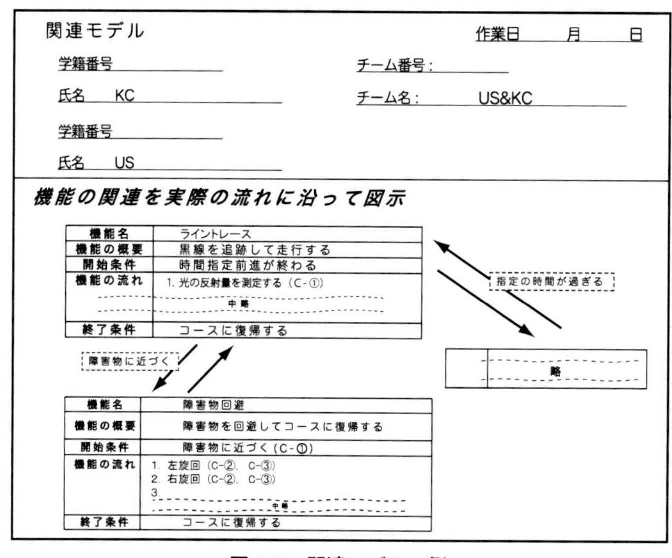
関連モデル　　作業日　月　日

学籍番号　　チーム番号：

氏名　KC　　チーム名：　US&KC

学籍番号

氏名　US

機能の関連を実際の流れに沿って図示

機能名	ライントレース
機能の概要	黒線を追跡して走行する
開始条件	時間指定前進が終わる
機能の流れ	1. 光の反射量を測定する（C-①） 中略
終了条件	コースに復帰する

指定の時間が過ぎる

略

障害物に近づく

機能名	障害物回避
機能の概要	障害物を回避してコースに復帰する
開始条件	障害物に近づく（C-①）
機能の流れ	1. 左旋回（C-②，C-③） 2. 右旋回（C-②，C-③） 3. 中略
終了条件	コースに復帰する

図7.5　関連モデルの例

関連モデルは，各機能の関連を処理（動作）の流れにそって記述します．そして，詳細モデルに書かれた条件を参考にして，機能間の関連を図で表します．

コラム 7：UML と UML-B

UML(Unified Modeling Language) は，1997 年に OMG(Object Management Group) が標準化したオブジェクト指向分析/設計のためのモデリング言語です．それまで，多数存在していた手法を統一するために，Unified Modeling Language すなわち，UML が規定されました．UML2.0 では，以下の 13 種類の図が定められています．

①クラス図，②オブジェクト図，③複合構造図，④ユースケース図，⑤コミュニケーション図，⑥シーケンス図，⑦インタラクションオーバビュー図，⑧タイミング図，⑨状態機械図，⑩アクティビティ図，⑪コンポーネント図，⑫配置図，⑬パッケージ図

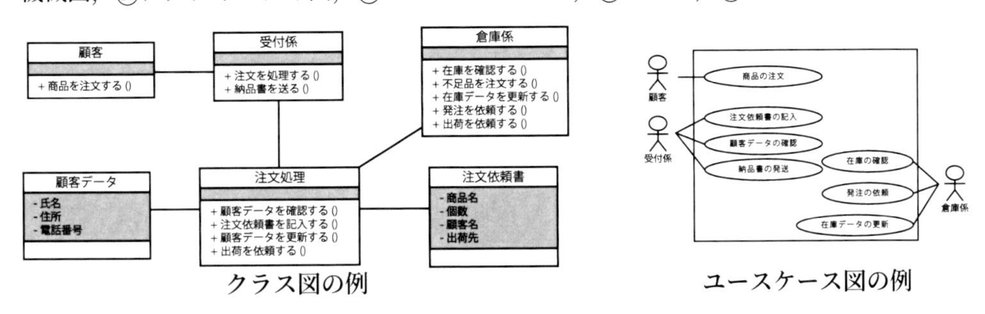

クラス図の例　　　　　　ユースケース図の例

このように，UML は 13 種類も図があって覚えるだけでも大変ですね．そこで，このテキストでは，UML-B(UML for Beginners) でモデリングを進めます．UML-B は，本テキストの著者らのグループが提案する初心者用モデリング手法です．7.2 節にあるように，3 つのモデルを覚えるだけです．さらに，この 3 つのモデルは UML の要素を含んでいますので，UML-B の経験は，今後，UML を正式に学習する場合に，必ず役立ちます．

7.3　コース攻略をモデリング

では，早速，コースを攻略するためのモデリングを始めましょう．ここでは，プログラムのモデリングを対象として説明します．そして，二人の学生，U.Satoshi（US 君）と K.Chikashi（KC 君）の具体的なモデリング作業[2]を参考にしながら説明を進めます．

7.3.1　コースの概要とルール

ここでは，取り組む課題を明確にしましょう．

2　モデリング作業においても，グループ作業と同様，「アイディアを共有する」，「積極的に評価する」，「作業の役割を分担する」が重要とされています．

US 君：「大会のコースが発表されたよ！」

KC 君：「早速，コースとルールを確認してみよう！」

ということで，以下のコースとルールがわかりましたので，二人で課題に関する情報を共有します．

≪ コース ≫

図 7.6 に示されるように，1800mm × 900mm の長方形のコースです．コース面の色は白色です．ラインは黒色で描かれています．コースの外周には，高さ 90mm の白色の壁が立てられています．コース内には，4 つのゾーンがあります．ゾーン A には緑色，ゾーン B には赤色，ゾーン C には青色のカッティングシートが壁に沿って貼ってあります．各ゾーンは外周の壁と同じ高さの仕切りで区切られています．ゾーン A とゾーン B の仕切りは 530mm の長さで，他の仕切りは 300mm の長さです．

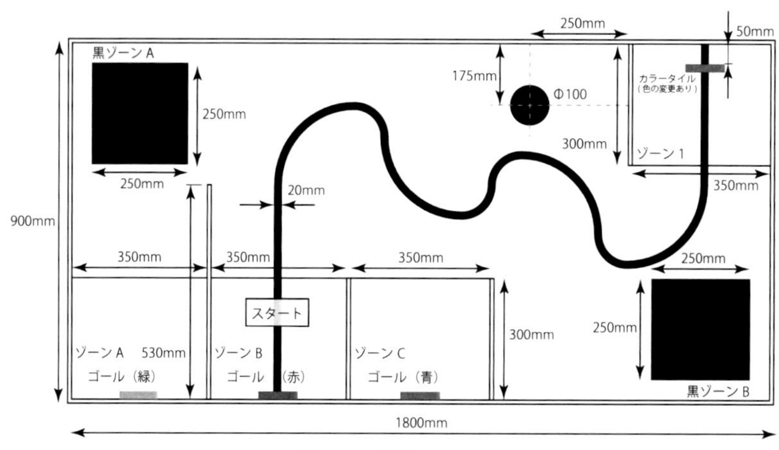

図 7.6　競技コース

≪ 競技ルール ≫

ロボットは，スタートエリアであるゾーン B からスタートします．スタート後はコースに描かれた黒色のラインに沿ってゾーン 1 まで進みます．ゾーン 1 には，戻るべきゴールゾーンの位置を指示したカラータイルがあります．ロボットは，カラータイルの色を判定して目標のゴールを決めます．ロボットが指定された色のゴールゾーンに到達して競技が終了となります．

競技の得点は，スタートからゾーン 1 までのライントレースによる移動と，指定されたゴールゾーンへの到達がポイントとなります．さらに，スタートからゴールゾーンまでの所要時間もポイントの対象になります．競技指定時間は 120 秒以内です．120 秒以内にゴールゾーンに到達できなかった場合はリタイア，また，指定されたゴールゾーン以外の場所に到達した場合もリタイアとなります．タイムポイントは，ゴールゾーン到達までの所要時間がより短いロボットが，より高い得点にカウントされるように設定されます．

以下に得点の計算式を示します．

得点＝ライントレースポイント＋ゴールゾーン到達ポイント
＋タイムポイント

7.3.2 必要な機能の確認

課題の確認をしながら必要な機能を見つけていきましょう．お互いに，気づいたことを相手に必ず伝えて，情報を共有しましょう．

US 君：「ライントレースができればいいね」
KC 君：「あとは，カラータイルの発見と色の判定だね」
US 君：「あっ，カラータイルの認識ってどうするの，ライントレースだけではカラータイルは見つからないんじゃないの？」
KC 君：「うーーん，まず，カラーセンサーで赤か，緑か，青か判定してみる．その3色じゃなかったら，黒か白か判定してライントレースする！」
US 君：「いいねいいね．で，カラータイルの色がわかったらどう動く？ 壁があるからまずはバックだね」
KC 君：「そうそう，で，左に旋回して後は直進」
US 君：「ゴールゾーンによって進む時間を変えないといけないね．時間を指定して直進だ！ それから左旋回！」
KC 君：「うーーん」
US 君：「なんか問題ある？」
KC 君：「だって，緑のゴールは壁が長いからぶつかっちゃうよ」
US 君：「そうか，でも，まずは赤と青のゴールまでやってみようよ．そのあと，緑のゴールの対策を考えよう（＾＾）」

というやり取りがありました．なんとなく，必要な機能が出てますね．いよいよ，ここからモデリングを始めましょう．緑のゴールゾーン対策については，現段階では保留としておきましょう．

7.3.3 機能モデルの例

はじめに，機能に関してのモデリングをしましょう．わかりにくい点は図を書いて情報を共有しましょう．

二人が考えた機能をコースに合わせてみましょう．

二人が考えた機能を実際のコースと合わせてみると図7.7のようになります．

機能の内容（やりたいこと）と必要な情報を整理してみましょう．

US 君：「まずは色を判定してライントレースだね．ライントレースは何をやればいいんだろう？」
KC 君：「黒線を見つけて追跡して走る」
US 君：「黒線はカラーセンサーを使って色を判定すればいいね」

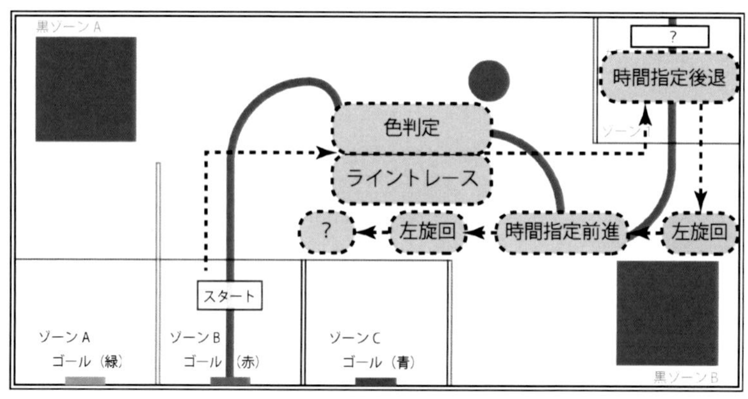

図 7.7　競技コースと走行に必要な機能

KC 君：「色が黒の値なら右旋回，白の値なら左旋回．絵に書くとこんな感じ（図 7.8）」
US 君：「で，右旋回，左旋回はどうすればよかったっけ？」
KC 君：「左右のタイヤを動かすモータの力を変化させればいいはず」
US 君：「でも，ライントレースは黒か白か？ だけど，ゾーン1に到着したら，カラータイルがあって赤か緑か青か？ だよ」
KC 君：「そうか，赤，緑，青が見つかったら到着ってことだからライントレースはやめる」

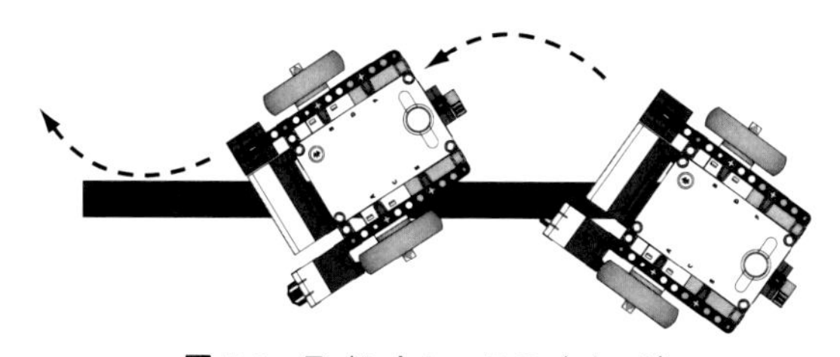

図 7.8　ライントレースのイメージ

以上から　色判定とライントレースが必要な機能だとわかりました．色判定は，内容が「カラーセンサを使ってコースの色値を取得する」，情報は「色値」となります．ライントレースは，内容が「カラーセンサの値が黒なら右旋回，白なら左旋回」，情報は「色値」と「モータの力」となります．

KC 君：「赤か緑か青かわかったら目指せゴールだね．でも，まだロボットはゾーン1で止まってるよ」
US 君：「ライントレースで戻る」
KC 君：「だめだめ，時間が無駄になるよ」
US 君：「でも，壁があるし」
KC 君：「そうだ，ちょっと後ろに下がればいい．それから左に旋回してゴールゾーン

　　　　を目指して前進，前進」
US 君：「指定されたゴールによって，進む時間を変えればいいね．で，左に旋回」
KC 君：「うーーん... まずい（——)．緑ゾーンだったら壁にぶつかる...」
US 君：「まあ，赤ゾーンと緑ゾーンが成功してから考えよ（^ ^)」

以上から　時間指定後退，左旋回，時間指定前進が必要な機能だとわかりました．

さあ，こんな感じで機能の内容と必要な情報を整理したら，機能モデルを書いてみましょう．整理されたことを，決められた用紙に書くだけです．図 7.9 に機能モデルの例を示します．記入した項目に記号や番号が付けられています．これは，次に作成する詳細モデルに必要となります．

機能モデル　　作成　年　月　日
番号　　氏名

システムに必要な機能と情報

A．色判定
・　カラーセンサを使ってタイルの色値を取得する
①　色値

B．ライントレース
・　カラーセンサーの値が 黒なら右旋回
・　　　　〃　　　　　白なら左旋回
①　色値　　②モータの力

C．時間指定後退
・　決められた時間後退
①　時間　　②モータの力

D．左旋回
・　モータを左回転
①　時間　　②モータの力

E．時間指定前進
・　決められた時間前進
①　時間　　②モータの力

図 7.9　機能モデルの例

7.3.4　詳細モデルの例

機能モデルが書けたら，各機能の詳細についてモデリングしてみましょう．これは，各機能の内容（やりたいこと）を詳細に記述します．また，その機能の動作のために必要となる情報を明確にします．また，その機能の動作が始まるための条件（開始条件）と，その機能の動作が完了するための条件（終了条件）も明確にします．

US 君：「色判定から考えよう．ゾーン 1 に入るまではライントレースの黒かどうかの判定でいいよね？」

KC 君：「だけど，ゾーン 1 にいつ入るかわかんないから，カラータイルに到着したかどうかの判定もしないとまずいと思う」

US 君：「そうか... で，どっちが先？」

KC 君：「到着したらライントレースは止めないといけないから，タイルの判定が先だね」

US 君：「ということは，コースの色が，赤か緑か青になったらゾーン 1 に来たと考える．で，次の機能に行く．赤か緑か青じゃなければ，ゾーン 1 じゃないからライントレースをする？」

KC 君：「そうそう」

US 君：「じゃ，ライントレースは黒だったら，ちょっと右に旋回させる．黒じゃなかったら左に旋回する，でいいかな？」

KC 君：「そうそう」

US 君：「ゾーン 1 でカラータイルの色がわかったら後退してゾーン 1 を抜けるんだよね．でも，どれぐらいの時間後退すればいいの？」

KC 君：「これは，実際に走らせてみてみないとわからないと思う．何回かトライして時間を計ってみてから決めよう！」

US 君：「あとは，時間指定前進と左旋回の詳細モデルを考えないといけないね．でも，たくさんの機能があると，どれの次にどれが動くとかごちゃごちゃになりそう」

KC 君：「確かに．一応，各機能の開始条件と終了条件を書いたけど，バラバラだからわかりにくい．そこは，関連モデルではっきりさせよう」

以上から，機能の詳細な内容が，いろいろとわかってきましたので，詳細モデルを書いてみましょう．わかった内容を，決められた用紙に書きます．使用する情報は，機能モデルで付けられた記号と番号を使って書いておきます．図があるとわかりやすい場合が多いので，必要な場合は書いておきましょう．

図 7.10(a) に色判定の詳細モデルの例，図 7.10(b) にライントレースの詳細モデルの例，図 7.10(c) に時間指定後退の詳細モデル例を示します．

詳細モデル　作成　年　月　日
学籍番号　氏名　KC
学籍番号　氏名　US　チーム番号　チーム名

機能名	色判定
機能の概要	カラーセンサを使ってコースの色値を取得する
開始条件	スタートボタンを押す
機能の流れ	1．コースの色値を取得する（A－①） 2．取得した色値を判定する（A－①） 2a. 赤または緑または青だったら機能終了 2b. 赤，緑，青でなかったらライントレースする
終了条件	取得した色値が赤または緑または青になる
イメージスケッチ	

(a)

詳細モデル　作成　年　月　日
学籍番号　氏名　KC
学籍番号　氏名　US　チーム番号　チーム名

機能名	ライントレース
機能の概要	黒線を追跡して走行する
開始条件	色判定で取得した値が赤，緑，青以外の場合
機能の流れ	1．取得した色値を判定する（B－①） 1a. 黒だったら右旋回（B－②） 1b. 白だったら左旋回（B－②）
終了条件	色判定で取得した値が赤，緑，青になる
イメージスケッチ	

(b)

詳細モデル　作成　年　月　日
学籍番号　氏名　KC
学籍番号　氏名　US　チーム番号　チーム名

機能名	時間指定後退
機能の概要	指定した時間後退する
開始条件	色判定で取得した値が赤または緑または青になる
機能の流れ	1．モータを後退（C－②） 2．指定した時間を保持（C－①）
終了条件	ゾーン1を出る
イメージスケッチ	

(c)

図 7.10　詳細モデルの例

7.3.5　関連モデルの例

各機能の関連を処理（動作）の流れにそって書いてみましょう．これは，機能と機能の関連を明確に記述します．

US 君：「コース上で各機能が動作するのをイメージしてみよう．スタートしたら，まずは色判定．で，色値が赤緑青以外はライントレースだよね．しばらくライントレースが続く．ゾーン 1 に入ってタイルの色を読み取ると赤か緑か青になるから，後退する．あとで，実際に色々試してみてちょうどいい時間を決める．時間指定後退だ」

KC 君：「そのあと，左旋回．次は，タイルの色値によって進む距離が違うから，これも実際に走らせてみて指定する時間を決める．時間指定前進．目指すカラーのゾーンに近づいたら左旋回．あとは，ゴールゾーンの壁の前まで時間指定前進」

以上から，処理の流れと機能の関連がわかりましたので，関連モデルを書いてみましょう．図 7.11 の例では，機能の関連を処理の流れに沿って記入しています．図 7.12 の例では，機能を中心に考えて同じ機能は 1 つで記入します．そして，矢印によって関連と流れを明確にします．課題に対応して，どちらか，あるいは両方を作成します．

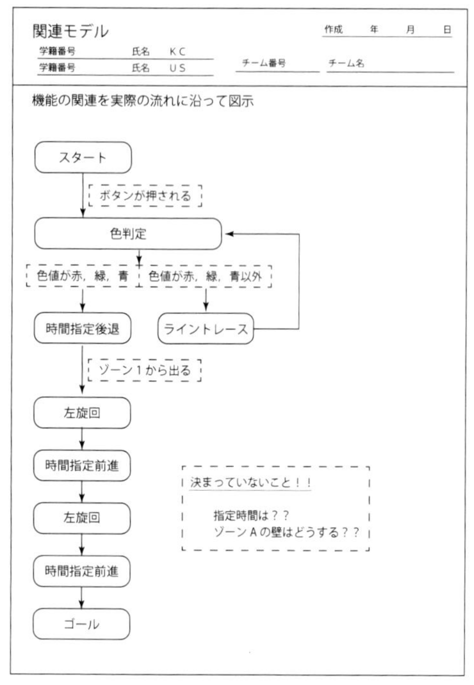

図 7.11　関連モデルの例 1（処理の流れ）

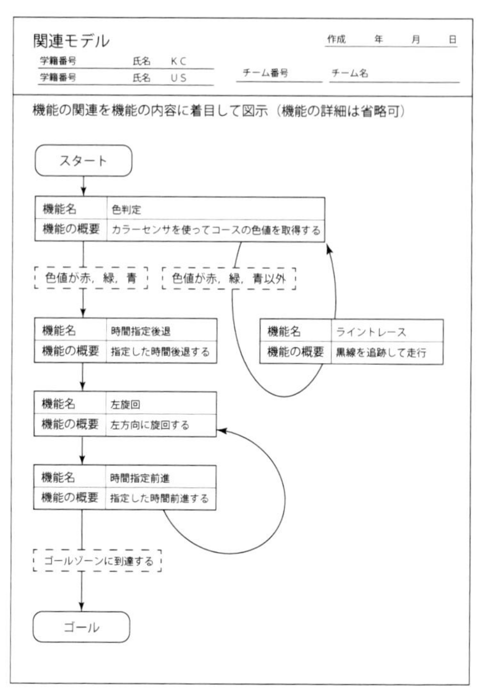

図 7.12　関連モデルの例 2（機能中心）

7.4　作成したモデルを評価しよう

ここまで，初心者のためのわかりやすいモデル作成法について説明してきました．とりあえず作成ができるようになったら，次は，良いモデルを作成するにはどうしたらよいかについて考えてみましょう．

US 君：「やれやれ，なんとかモデルを書いたけど，これでいいのかなあ？ 正解とかってないのかなあ？」
KC 君：「だめだよ，みんなと同じ答えだったら，優勝できないよ」
US 君：「そうかあ... でも，基本的にこれはできていないといけない，みたいな基準が欲しいよ」

以上から，作成したモデルを評価する基準があれば，よりモデリングがわかりやすくなるといえます．そこで，初心者でもわかりやすいように，以下に簡単な評価基準を示します（図 7.13）．これを参考にして，作成したモデルを採点してみてください．採点結果から，よいモデルかどうかを客観的に判断することができます．結果から問題点を確認して見直しを行って，よりよいモデルに改善しましょう．

<4つの評価項目に関して，5段階評価で点数を付けます．>

評価項目	名前	データ	詳細化	つながり
点数	?	?	?	?

<評価項目の内容>

名前	機能の名前はわかりやすい名前になっている ※機能名からその機能の動作が推測できますか？
データ	データの整理が十分できている ※機能で使用するデータが十分に記述できていますか？
詳細化	機能の詳細化が十分にできている ※詳細モデルの機能の流れから，簡単にPAD・プログラムができますか？
つながり	プログラムの開始から終了までの機能のつながりができている ※関連モデルの機能のつながりはわかりやすいですか？ ※関連モデルの各機能の間に穴や抜けはないですか？

<配点>

5:そうである　4:だいたいそうである　3:どちらともいえない　2:あまりそうではない　1:そうではない

図 7.13　作成モデルの評価方法

KC 君：「この基準で評価するということは，この基準がクリアできるように，モデリングを行えばいいわけだ」

US 君：「二人が作成したモデルも，この基準でお互いが評価するといいかもしれないね」

■■　演習課題 7　■■

7-1.「指定時間前進」，「左旋回」をモデリングしてすべてのモデルを完成させましょう．

7.5　ディティールPADとコーディング

以上の作業で，機能モデル，詳細モデル，関連モデルが完成しました．次は，詳細モデルに基づいてディティール PAD を作成します．PAD の記号 1 個に対してプログラム言語の 1 命令が対応する詳細な PAD をディティール PAD と言います．本書の 3 章，4 章で用いられている PAD は，このディティール PAD になっています．図 7.14 の PAD は図 7.10(b) の詳細モデルから作成したものです．詳細モデルに対応した PAD が完成したら，次にコーディング作業に移ります．ディティール PAD の各記号に対応する命令文を記述する作業をコーディングと言います．コーディング作業が完了したら，いよいよ，コンパイルして実行してみましょう．

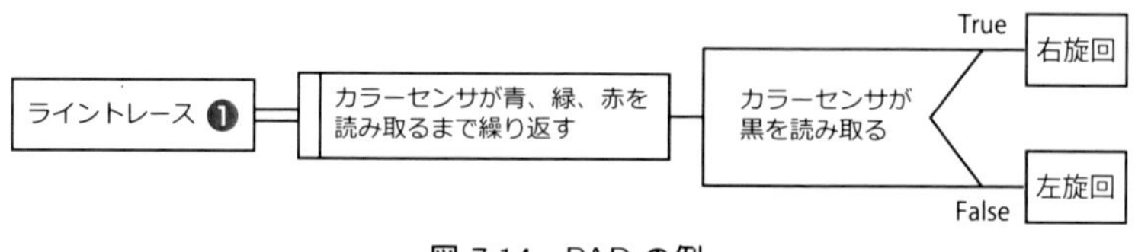

図 7.14　PAD の例

7.6　モデリングのまとめ

本章では，モデリングについて説明しました．プログラミングの初心者にとって，モデリングは難しいかもしれませんが，慣れることが大切です．いきなりプログラミングをするのではなく，モデリングをして設計図を作成するという習慣をつけておけば，よりよい，より品質の高いプログラムが作成できるようになります．ぜひ，設計してから作り始めるという習慣を意識して進めましょう．

そして，モデリングに少し慣れたら，UML を覚えましょう．UML (Unified Modeling Language) は，モデリング言語として最も普及しています（コラム 7 参照）．本章で説明してきたモデリング方法は，この UML を初心者用にわかりやすく変更した方法です．UML-B (UML for Beginners) と呼んでいます．UML-B でモデリングを経験したら，ぜひ，UML にチャレンジしてみましょう．

第8章

リフレクションしよう

この章では，ロボット作りの評価を効果的に実施するための方法としてリフレクション（自分の活動を振り返って評価する活動）のやりかたを学びます．また，リフレクションの際に気をつけるポイントについても学んでいきます．

この章のポイント

→ 作成中のリフレクション
→ 作成後のリフレクション
→ リフレクションのポイント

8.1　リフレクションとは

ロボット作りを上達させるためには，たくさんの経験を積むことが必要です．何回も繰り返してロボットを作ることで，パーツの使い方やギアの組み合わせ方，プログラミングのやり方がわかってきます．また，以前よりも短い時間でロボットを完成させることができるようになります．ただし，ただなんとなくロボットを作っていてもあまり多くのことは学べません．効果的にロボット作りを学ぶためには，自分がどのようにロボットを作っているのかということを定期的に振り返ってみることが重要です．このような「自分の活動を振り返って評価する」活動のことを**リフレクション**と言います．リフレクションを行うことで，自分のロボット作りの良い点・悪い点が明確になり，今後ロボットを作成するときに役に立つ知識を得ることができます．

リフレクションには，ロボット作りの途中で定期的に行う**作成中のリフレクション**とロボットが完成した後に行う**作成後のリフレクション**の 2 種類があります．以下では，それぞれのやり方を具体的に説明します．

8.2　作成中のリフレクション（作業記録の作成）

ロボット作成には多くの時間がかかります．このとき何も記録しないでいると，自分がどのようなことを考えていたのか，また，どこまで作ったのかがわからなくなってしまうことがあります．そこで，定期的に自分のロボット作りの PDS サイクルを記録しましょう．これが作成中のリフレクションです．記録する項目は以下の通りです．

- 日時
- PLAN（計画）
- DO（実行）
- SEE（評価）
- 気づいたこと，わかったこと

図 8.1 は記録の例です[1]．PLAN には，どのようなロボットを作ろうと考えたのかを記入します．DO には，実際にパーツやギアをどのように組み合わせたのか，どのようなアルゴリズムでプログラミングしたのかを記入します．このとき，ロボットのスケッチを描いたり，ロボットをスマートフォンやデジカメで撮影したものを貼りつけておくと，あとから見直したときにわかりやすいです．SEE には，ロボットがどのように動作したか，成功したのか失敗したのか，失敗した原因は何だったのかといったことを記入します．また，記録する際に気がついたこと，わかったことがあったら，あわせて記入しておきます．

記録のタイミングですが，作業を中断するときや休憩するとき，その日の作業が終わったときに記録するとよいでしょう．記録する内容は少しでも構わないので，こまめに記録するようにしてください．また，最初は記録に時間がかかるかもしれませんが，慣れるにつれて短時間で記録

[1] 記録するのは普通の大学ノートで OK です．1 ページにあまり詰め込んでしまうと読みにくくなってしまいます．記入するときは見開きの 2 ページを使いましょう．

することができるようになります．

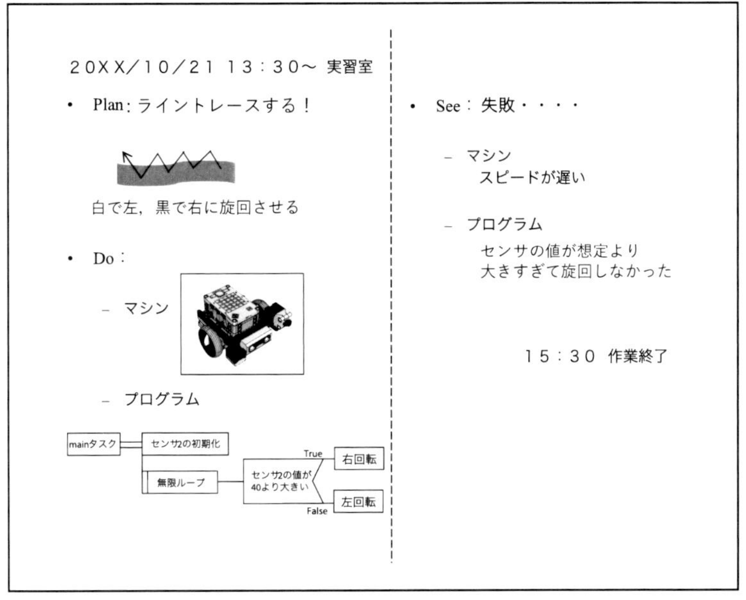

図 8.1 作業記録の例

コラム 8：インターネットを利用した作業記録

最近，ものづくりのプロセスを記録する手段として，ブログなどの SNS（ソーシャルネットワーキングサービス）を利用する人が増えています．

従来のノートを使った作業記録と比べ，これらのサービスには，(1) 日付や時間が自動的に記録される，(2) 過去の記録を検索できる，(3) 他の利用者からのコメントがもらえる，などの特長があります．

自分の記録を公開したくない人もいると思いますが，多くのサービスでは，内容を非公開にしたり，知人のみに公開することが可能です．興味のある方はぜひチャレンジしてみてください．

8.3 作業記録のポイント

作業中のリフレクションのときに注意してほしい点をまとめました．作業記録を作成する際には，これらのポイントを意識しながらまとめるようにしてください．

・ポイント 1：目標はできるだけ具体的に

PLAN の欄には，ロボットを作り始める前に考えた目標をできるだけ具体的に記入しましょう．また，目標は文章だけでなく図も入れましょう．

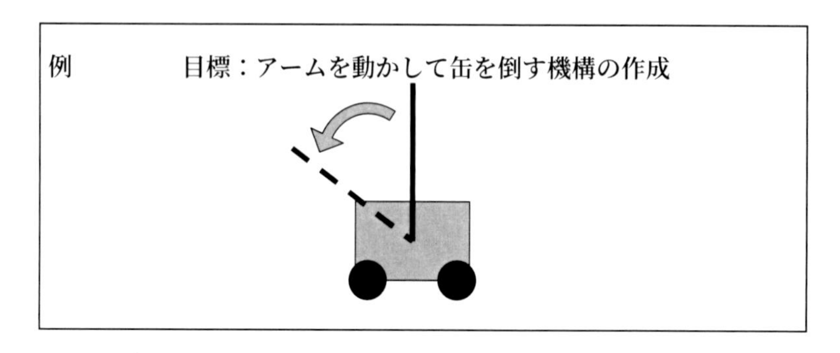

・ポイント 2：目標とサブ目標を区別しよう

サブ目標とは，メインの目標を達成するためにクリアすべき目標のことです．メインの目標とサブ目標を区別して記録しましょう．サブ目標を記入することで，作業の具体的なイメージがつかみやすくなり，作業時間の見積もりもしやすくなります．

例　目標：缶を倒す
サブ目標：①黒い部分を検知して方向転換する
②壁を検知して方向転換する
③アームを動かす

・ポイント 3：思いついたことはすぐに記録する

ロボットを組み立てているときに新しいアイディアを思いついたり，ロボットの問題点を発見することがあると思います．そのようなときは作業の途中でも随時記録を取るようにしましょう（あとから書こうと思っていると忘れてしまうことが多いです）．記録の際は，あとから読んだときに書いた内容を思い出せるように書き方を工夫しましょう．

8.4　作成後のリフレクション（プロセスチャートの作成）

ロボットを作っているときには，「どうやったらうまくセンサが反応するか」「モータの強さはどれくらいがちょうどよいか」など，どうしても目の前の問題に集中してしまい，自分の活動全体を大局的に振り返ることはなかなかできません．そこで，ロボットが完成した後に，作業のまとめとして自分の活動全体を振り返って評価する作業後のリフレクションを行います．

まず，自分の活動内容全体を記入することができるような大きめの紙（できれば模造紙くらいの大きさ）を用意します．以下，この用紙を**プロセスチャート**と呼びます．次に，プロセスチャートを縦に3分割し，上からPLAN・DO・SEEのラベルを記入します．そして，ノートに記録した内容をもとに，今回のロボット作成のプロセスを順に記入していきます．図8.2はプロセスチャートの作成例です[2]．PLAN には，作成する前に考えた作成目標やロボットの予想図などを記入します．DO には，作業内容を記入したり，作業中に撮影したロボットの写真などを貼付します．SEE には，作成したロボットの実行結果や失敗の原因などを記入します．

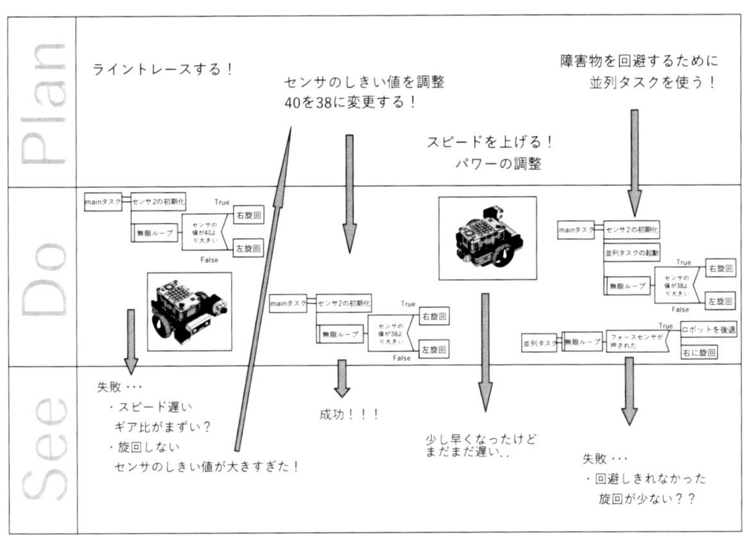

図 8.2 プロセスチャートのイメージ

図 8.2 では，初めにライントレースするロボットを作ろうと計画しています．最初に作ったロボットはうまく動きませんでしたが，センサの設定を改良することでライントレース機能を実現しています．その後ロボットの改良として移動スピードの向上を計画し，実現することに成功しています．そして，障害物を回避する機能を実現しようとチャレンジしています．

この図のように，チャート作成のときには矢印をうまく使って PDS サイクルの流れがわかるようにまとめて下さい．後から見直したときにわかり易いですし，他の人がチャートを見たときに大変参考になります．また，マジックやサインペンなどを使って項目別に色分けするとよりわかりやすくなります．

8.5 作成後のリフレクション（プロセス動画の作成）

プロセスチャートの作成によるリフレクションですが，チャートを作成するための道具や場所の準備が難しい場合もあると思います．そのようなときには，ロボット作りのプロセス動画を作成しながらリフレクションすることをおすすめします．

プロセス動画を作成するためには，あとから PDS サイクルの流れがわかるように，こまめにロボットの写真や動画を撮影しておく必要があります．どのような試行錯誤を通してロボットが完成したのかがわかるように，うまく動かなかったときの動画も保存しておきましょう．動画の

2 この作成例は，中部大学で実施された授業で学習者が作成したプロセスチャートをもとに作成しました．

編集はパソコン，あるいはスマートフォンでも可能です．時間に余裕があれば，BGM や効果音，テロップやナレーションを入れて，楽しくわかりやすい動画に仕上げましょう．

プロセス動画の作成によるリフレクションですが，道具や場所を必要としないということ以外にも，動画を見ることでロボットの動きをしっかりと振り返ることができる，プロセスチャートよりも保存や共有がしやすいなどといったメリットがあります．とくに，プロセス動画の保存や共有に関しては，クラウドサービスや動画共有サービスを活用すると便利です．

8.6　おわりに（学習内容のリフレクション）

本書を通じて，みなさんはロボット作りに関して多くのことを学んだと思います．最後に学習のまとめとして，以下の点についてリフレクションをしてみましょう．

- 実際にどんなロボットを作ってみましたか？ 結果はどうでしたか？
- 作ったロボットやプログラムをどのように改良しましたか？ どこが難しかったですか？
- ロボットを作るときに，どのようなことに気をつけましたか？ また，どのような問題がありましたか？
- ロボット作りにおいて大事なことは何だと思いますか？

これまで取り組んできた活動を振り返ってみると，ロボット作りの技術が上達していることを実感できると思います．今回学んだことを活用することで，いろんな機能を持ったロボットを作ることが可能です．また，ロボット競技会でどんな課題が出ても，また，誰とチームを組んでもきっとうまく行動できるでしょう．さらに，6 章でも説明しましたが，本書で紹介した PDS サイクルはロボット作りだけでなく，すべての「ものづくり」の基礎となります．今後もこれらの知識・経験をもとに，ロボット競技会での入賞や，ものづくりの上級者を目指してステップアップしていきましょう！

付録 A

SPIKE App用 Python関数

ここでは，本書で使用している SPIKE App 用 Python 関数について説明します．詳細な仕様は SPIKE App のヘルプにある Python API モジュールを参照してください．

A.1 モータ

モータの動作命令です．モータを使用する場合は，`import motor` が必要です．

- **run**：モータの動作

  `motor.run(ポート，速度，加速度)`

  ※加速度は省略可能，次の命令まで動作は保持される

  例：`motor.run(port.A, 1000)`

- **run_for_degrees**：モータの角度指定して回転

  `motor.run_for_degrees(ポート，回転角度，ブレーキ，加速度，減速度)`

- **run_for_time**：モータを指定して動作

  `motor.run_for_time(ポート，保持時間，速度，ブレーキ，加速度，減速度)`

  ※ブレーキ，加速度，現速度は省略可能

  例：`motor.run_for_time(port.A, 2000, 1000)`

- **stop**：モータの停止

  `motor.stop(ポート)`

  例：`motor.stop(port.A)`

A.2 モータペア

モータペアは，2 つのモータを同期して動作します．モータペアを使用する場合は，`import motor_pair` が必要です．

- **motor_pair(ペア名，ポート，ポート)**：2 つのモータの同期

  例：`motor_pair(motor_pair.PAIR1, port.A, port.B)`

- **move**：ペアのモータを動作

  `motor_pair.move(ペア名，ステアリング，速度，加速度)`

  ※ステアリング，速度，加速度は省略可能，次の命令まで動作は保持される

  例：`motor_pair.move(motor_pair.PAIR1, 0, velocity=280, acceleration=100)`

- **move_for_degrees**：ペアのモータの角度指定して回転

  `motor_pair.move_for_degrees(ペア名，回転角度，ステアリング，速度，ブレーキ，加速度，減速度)`

- **move_tank**：ペアのモータの左右の速度を変えて動作

  `motor_pair.move_tank(ペア名，左モータ速度，右モータ速度，加速度)`

※加速度は省略可能，次の命令まで動作は保持される

例：motor_pair.move_tank(motor_pair.PAIR1, 1000, -1000)

– **move_tank_for_time**：ペアのモータの左右の速度を変えて時間を指定して動作

motor_pair.move_tank_for_time(ペア名，左モータ速度，右モータ速度，
保持時間，加速度，減速度)

※加速度，現速度は省略可能

例：motor_pair.move_tank_for_time(motor_pair.PAIR1, 1000, -1000, 2000)

– **stop**：ペアのモータの停止

motor_pair.stop(ペア名)

例：motor_pair.stop(motor_pair.PAIR1)

A.3 フォースセンサ

フォースセンサを使用する場合は，import force_sensor が必要です．

– **force**：どのくらいの力で押されているかの確認

force_sensor.force(ポート名)

※ 0〜100dN（デシニュートン）の値を返す

例：force_sensor.force(port.A)

– - **pressed**：押されたかどうかの確認

force_sensor.pressed(ポート)

※押されている時は True を返す

例：force_sensor.pressed(port.A)

A.4 距離センサ

距離センサを使用する場合は，import distance_sensor が必要です．

– **distance**：距離をミリメートルで返す

distance_sensor.distance(ポート)

※距離が読みとれない場合は −1 を返す

例：distance_sensor.distance(port.A)

A.5　カラーセンサ

カラーセンサを使用する場合は，import color_sensor が必要です．また，カラーモジュールを使用する場合は，import color も必要です．

– **color**：検知した色の値を返す

color_sensor.color(ポート)

例：color_sensor.color(port.A)

– **reflection**：反射光の強さを返す

color_sensor.reflection(ポート)

※ 0〜100% の値を返す

例：color_sensor.reflection(port.A)

– **rgbi**：RGB の光の強さとカラーの光の強さを返す

color_sensor.rgbi(ポート)

※値は tuple[R, G, B, 全体] の値を返す

例：color_sensor.rgbi(port.A)

A.6　モーションセンサ

モーションセンサを使用する場合は，from hub import motion_sensor が必要です．

– **set_yaw_face**：ヨー面の設定

motion_sensor.set_yaw_face(上面)

例：motion_sensor.set_yaw_face(motion.sensor.FRONT)

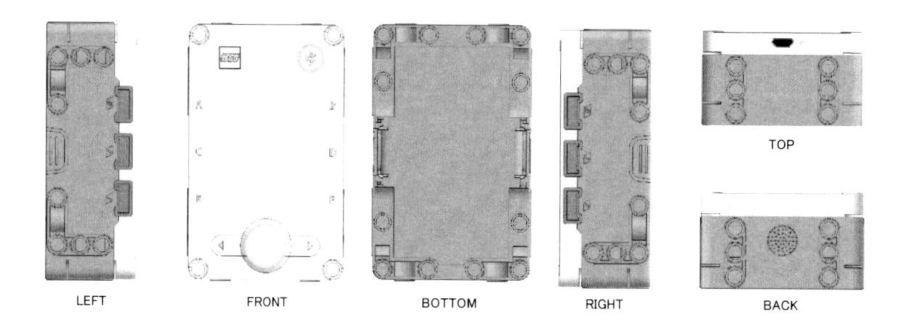

– **reset_yaw**：ヨー面のリセット

motion_sensor.reset_yaw(値)

motion_sensor.reset_yaw(0)

– - **tilt_angles**：角度の取得

```
motion_sensor.tilt_angles()
```

※値は tuple[ヨー角，ピッチ角，ロール角] の値を返す

A.7 ライトマトリクス

ライトマトリクスを使用する場合は，from hub import light_matrix が必要です．

– **clear**：全消灯

```
light_matrix.clear()
```

– **set_pixel**：任意の位置の点灯

```
light_matrix.set_pixel(X の値，Y の値，明るさ)
```

例：light_matrix.set_pixel(2，2，100)

– **show_image**：画像の表示

```
light_matrix.show_image(X の値，Y の値，明るさ)
```

※画像は 67 種類あります

例：light_matrix.show_image(light_matrix.IMAGE_HAPPY)

A.8 ランループ

命令の待機，保持，一時停止などを使用する場合は，import runloop が必要です．

– **run**：async 関数の実行

```
runloop.run(関数)
```

– **sleep_ms**：命令の保持

```
runloop.sleep_ms(値)
```

※値はミリ秒の単位

例：runloop.sleep_ms(1000)

– **await**：命令終了を待つ

```
await 命令
```

例：
```
motor.run(port.A, 1000)
    await runloop.sleep_ms(1000)
    motor.stop(port.A)
```

索引

著者紹介

藤井 隆司 (ふじい たかし)

1998年　中部大学大学院博士前期課程修了
2000年　中部大学工学部教育技術員
2008年　名古屋工業大学大学院博士後期課程修了，博士（工学）
2011年　中部大学全学共通教育部助教
2013年　中部大学全学共通教育部講師
2018年　中部大学工学部講師
2024年　中部大学人間力創成教育院情報教育プログラム講師
ロボット制御，信号解析・処理の研究に従事．

板井 陽俊 (いたい あきとし)

2007年　独立行政法人日本学術振興会特別研究員
2008年　愛知県立大学大学院博士後期課程修了，博士（情報科学）
2008年　愛知県立大学情報科学部客員共同研究員
2011年　中部大学工学部助教
2014年　中部大学工学部講師
デジタル信号処理，生体工学の研究に従事．

藤吉 弘亘 (ふじよし ひろのぶ)

1997年　中部大学大学院博士後期課程満期退学，博士（工学）
1997年　米カーネギーメロン大学ロボット工学研究所 Postdoctoral Fellow
2000年　中部大学工学部講師
2004年　中部大学工学部准教授
2006年　米カーネギーメロン大学ロボット工学研究所客員研究員
2010年　中部大学工学部教授
2023年　中部大学理工学部教授
ロボットビジョン，深層学習の研究に従事．

石井 成郎 (いしい のりお)

2004年　名古屋大学大学院博士後期課程修了，博士（学術）
2004年　愛知きわみ看護短期大学講師
2010年　愛知きわみ看護短期大学准教授
2018年　一宮研伸大学看護学部准教授
2021年　一宮研伸大学看護学部教授
創造性のメカニズムの解明とその教育的応用に関する研究に従事．

鈴木 裕利 (すずき ゆり)

2001年　名古屋大学大学院博士後期課程修了，博士（学術）
2001年　中部大学工学部講師
2005年　中部大学工学部准教授
2018年　中部大学工学部教授
ソフトウェア工学，工学教育の研究に従事．

◎本書スタッフ
編集長：石井 沙知
編集：伊藤 雅英
組版協力：阿瀬 はる美
表紙デザイン：tplot.inc 中沢 岳志
技術開発・システム支援：インプレス NextPublishing

●本書の内容についてのお問い合わせ先
近代科学社Digital　メール窓口
kdd-info@kindaikagaku.co.jp
件名に「『本書名』問い合わせ係」と明記してお送りください。
電話やFAX、郵便でのご質問にはお答えできません。返信までには、しばらくお時間をいただく場合があります。なお、本書の範囲を超えるご質問にはお答えしかねますので、あらかじめご了承ください。

実践ロボットプログラミング 第3版

LEGO Education SPIKEで
目指せロボコン！

2025年3月7日　初版発行Ver.1.0

著　者　藤井 隆司, 板井 陽俊, 藤吉 弘亘, 石井 成郎, 鈴木 裕利
発行人　大塚 浩昭
発　行　近代科学社Digital
販　売　株式会社 近代科学社
〒101-0051
東京都千代田区神田神保町1丁目105番地
https://www.kindaikagaku.co.jp

印刷・製本　京葉流通倉庫株式会社
Printed in Japan

ISBN978-4-7649-0738-6